翟 飞 司 磊 蔡杰智 郭爱香 殷晓三 著

变电站建（构）筑物结构健康监测技术

BIANDIANZHAN JIAN(GOU)ZHUWU
JIEGOU JIANKANG JIANCE JISHU

化学工业出版社

·北京·

内容简介

本书聚焦电力基础设施安全领域，系统阐述了变电站建（构）筑物结构健康监测的核心理论、关键技术及工程实践。全书从结构健康监测的基本原理出发，结合变电站特殊场景需求，构建了涵盖传感技术、数据获取与传输技术、智能分析及标准体系的完整技术框架。通过对比医学健康诊断的逻辑范式，结合"结构功能-性能退化-损伤演化"多维度评价模型，针对变电站主变基础、构支架、装配式站房等关键设施的监测难题，提出融合物联网、边缘计算和北斗定位的解决方案。书中深入剖析了各类传感器的选型原理与部署策略，开发了基于压差式静力水准仪和光纤光栅的变形监测技术，并通过 GIS 基础沉降、站房环境参数优化等典型工程案例验证了技术的可靠性。

本书结合前沿技术与工程实践，为变电站结构安全评估与维护提供科学依据，是电力工程、土木工程领域技术人员与研究人员的实用参考书。

图书在版编目（CIP）数据

变电站建（构）筑物结构健康监测技术 / 翟飞等著. 北京：化学工业出版社，2025. 6. -- ISBN 978-7-122-47915-0

Ⅰ．TU317

中国国家版本馆 CIP 数据核字第 2025ND2952 号

责任编辑：李旺鹏
文字编辑：冯国庆
责任校对：张茜越
装帧设计：刘丽华

出版发行：化学工业出版社
　　　　（北京市东城区青年湖南街 13 号　邮政编码 100011）
印　　装：北京科印技术咨询服务有限公司数码印刷分部
710mm×1000mm　1/16　印张 11¼　字数 201 千字
2025 年 6 月北京第 1 版第 1 次印刷

购书咨询：010-64518888
售后服务：010-64518899
网　　址：http://www.cip.com.cn

凡购买本书，如有缺损质量问题，本社销售中心负责调换。

定　　价：98.00 元　　　　　　　　　　　　　版权所有　违者必究

前言

随着电力行业的快速发展,变电站作为电网的核心枢纽,其建(构)筑物的结构健康状况直接关系到电力系统的安全稳定运行。近年来,随着极端天气频发、地质条件复杂以及设备运行环境日益复杂,变电站建(构)筑物的结构健康监测成为保障电力供应安全的关键环节。

本书详细阐述了结构健康监测的定义、发展历程以及其在变电站建(构)筑物中的重要性。通过对结构功能、损伤机理以及变形监测技术的深入分析,本书不仅介绍了各类监测仪器的工作原理和应用,还探讨了数据获取与传输技术的前沿进展。此外,书中结合实际工程案例,详细介绍了变电站建(构)筑物结构健康监测的设计控制标准与方案,以及在实际运行中的监测实例,为读者提供了丰富的理论与实践相结合的内容。

相较于同类著作,本书具有显著的特色。首先,本书融合了结构工程、信息科学和电力系统等多学科知识,展现了学科的交叉性和综合性。其次,本书涵盖了边缘计算预处理、数字孪生建模等新兴技术的应用,体现了技术的前瞻性和创新性。最后,本书提供了可复用的技术方案库和专利成果转化案例,具有较强的工程指导性和实用性。

特别感谢河南省自然科学基金(242300420063)和河南省科技攻关项目(25210232108)的联合支持,这些项目的资助为本书的研究和撰写提供了坚实的理论基础及实践平台。尽管笔者在撰写过程中力求内容的准确性和完整性,但由于水平所限,书中难免存在不足之处。真诚欢迎广大读者提出宝贵的意见和建议,以便在后续的研究和工作中不断改进和完善。

目 录

**第 1 章
绪论
001**

1.1 结构健康监测的定义 …………………………… 002
    1.1.1 结构的功能 …………………………… 002
    1.1.2 医学健康诊断与结构健康监测的类比 …… 003
    1.1.3 结构健康监测与诊断的任务 …………… 004
    1.1.4 变电站建（构）筑物结构健康监测 …… 006
1.2 结构损伤、性能退化与变形 …………………… 007
    1.2.1 结构使用条件的退化 …………………… 007
    1.2.2 结构自身性能的退化 …………………… 007
    1.2.3 结构局部损伤 …………………………… 008
1.3 变电站建（构）筑物结构健康监测的意义 …… 009
1.4 结构健康监测原理及系统的组成 ……………… 013
    1.4.1 基于结构响应分析的结构健康监测方法 … 013
    1.4.2 结构健康监测系统的组成 ……………… 014
1.5 结构健康监测发展历程及展望 ………………… 016
    1.5.1 结构健康监测发展历程 ………………… 016
    1.5.2 结构健康监测展望 ……………………… 017

**第 2 章
变电站建（构）筑物
结构健康监测仪器
021**

2.1 概述 ……………………………………………… 022
2.2 测试技术基础 …………………………………… 023
    2.2.1 工程测试技术概述 ……………………… 023
    2.2.2 传感器技术基础 ………………………… 024
    2.2.3 信号处理技术 …………………………… 025
    2.2.4 数据采集与传输技术 …………………… 026
2.3 常用传感器的类型和工作原理 ………………… 027
    2.3.1 差动电阻式传感器 ……………………… 027
    2.3.2 钢弦式传感器 …………………………… 028

	2.3.3	电感式传感器	030
	2.3.4	电阻应变片式传感器	031
	2.3.5	光纤传感器	034
	2.3.6	光纤光栅传感器	036
	2.3.7	电容式传感器	038
	2.3.8	压阻式传感器	039
2.4	**变形观测仪器**		041
	2.4.1	位移计	042
	2.4.2	测斜仪	048
	2.4.3	沉降仪	051
2.5	**压力测量仪器**		054
2.6	**水位仪器**		058
2.7	**温度测量仪器**		064
2.8	**振动传感器及采集设备**		069

第 3 章
数据获取与传输技术
074

3.1	**概述**		075
3.2	**数据采集技术**		077
	3.2.1	数据采集策略	077
	3.2.2	边缘计算与预处理技术	080
3.3	**数据传输技术**		083
	3.3.1	通信网络架构	083
	3.3.2	实时传输协议	086
	3.3.3	安全传输机制	089
3.4	**数据获取与传输技术在建筑物监测中的应用**		091
	3.4.1	建筑物监测中的数据采集技术	093
	3.4.2	建筑物监测中的数据传输技术	095
3.5	**数据获取与传输典型应用案例分析**		097
	3.5.1	变电站 GIS 基础沉降观测中的多传感器协同传输	097
	3.5.2	变电站构支架的数据获取与传输	099

3.5.3　变电站站房环境参数监测网络的能耗优化
　　　　　　实践 ··· 100
　3.6　技术挑战与未来趋势 ·· 101
　　　3.6.1　当前技术瓶颈 ·· 101
　　　3.6.2　未来发展方向 ·· 103

第4章 变电站建（构）筑物结构健康监测设计控制标准与方案　107

　4.1　概述 ·· 108
　4.2　设备基础 ·· 109
　　　4.2.1　主变压器基础 ·· 109
　　　4.2.2　电气设备基础 ·· 110
　　　4.2.3　基础施工工艺及要求 ···································· 111
　4.3　构支架 ·· 112
　　　4.3.1　构支架类型与结构 ······································ 112
　　　4.3.2　构支架的功能与应用 ···································· 113
　4.4　围墙 ·· 114
　　　4.4.1　围墙的作用与类型 ······································ 114
　　　4.4.2　围墙的设计与建设要点 ·································· 115
　4.5　边坡 ·· 116
　　　4.5.1　边坡对变电站的影响 ···································· 116
　　　4.5.2　边坡处理措施 ·· 117
　4.6　装配式站房（钢结构）·· 118
　　　4.6.1　装配式站房的优势 ······································ 118
　　　4.6.2　钢结构的特点与应用 ···································· 120
　4.7　变电站建（构）筑物的选址难题 ································ 121
　　　4.7.1　选址困难的多维度因素 ·································· 121
　　　4.7.2　地质条件复杂性的挑战 ·································· 123
　4.8　变电站建（构）筑物结构健康监测仪器的设置
　　　原则 ·· 125
　　　4.8.1　基于监测目标的仪器选择 ································ 125
　　　4.8.2　仪器布置的关键要点 ···································· 128
　　　4.8.3　考虑系统集成与维护 ···································· 130

4.9 变电站建（构）筑物结构健康监测设计控制标准 ············ 132
 4.9.1 相关标准与规范解读 ············ 132
 4.9.2 设计控制标准的关键指标 ············ 134
4.10 结构健康监测方案 ············ 137
 4.10.1 主变压器及电气设备基础 ············ 137
 4.10.2 主控楼 ············ 138
 4.10.3 构支架 ············ 140
 4.10.4 围墙 ············ 141
 4.10.5 装配式站房 ············ 143
 4.10.6 边坡 ············ 146

第5章 变电站变形监测实例 150

5.1 变形监测主要内容及目的 ············ 151
5.2 变形监测的依据及仪器设备 ············ 151
5.3 变形监测基准点布置与测量 ············ 152
 5.3.1 基准点布点原则 ············ 152
 5.3.2 基准点的埋设及测量 ············ 152
5.4 观测点布设与观测标志 ············ 154
 5.4.1 沉降观测点的布设 ············ 154
 5.4.2 主体倾斜观测点的布设 ············ 154
 5.4.3 普通水准仪沉降观测标志 ············ 155
 5.4.4 主体倾斜观测标志 ············ 156
 5.4.5 观测点保护措施 ············ 156
 5.4.6 观测布点具体位置 ············ 157
5.5 常规变形监测技术 ············ 158
 5.5.1 普通水准仪沉降监测 ············ 158
 5.5.2 主体倾斜观测 ············ 158
5.6 压差式沉降监测技术 ············ 161
 5.6.1 沉降监测原理 ············ 161
 5.6.2 基于北斗融合多源传感器技术的压差式沉降监测系统 ············ 162
 5.6.3 基于物联网的压差式沉降监测系统 ············ 164
 5.6.4 压差式静力水准仪传感器 ············ 164

5.6.5 压差式水准仪的使用 …………………………………… 166
5.6.6 压差式沉降监测数据滤波与监测值预警 …… 167
5.7 观测工作量及成果处理 …………………………………… 168
5.8 实例 …………………………………… 169
5.8.1 某变电站边坡变形监测 …………………………………… 169
5.8.2 某变电站 GIS 基础沉降监测 …………………………………… 170

参考文献
173

第 1 章

绪论

1.1 结构健康监测的定义

1.1.1 结构的功能

工程结构是指用建筑材料建造的房屋、道路、桥梁、隧道、堤坝、塔架等工程设施。工程结构设计的目的就是要保证结构具有足够的承载能力以抵抗自然界的各种作用力,并将结构变形控制在满足正常使用的范围内,确保所设计的结构在规定的设计使用年限内,以适宜的可靠度与经济高效的方式,全面达成各项既定的功能指标。

工程结构的结构功能直接决定了工程的实用性与安全性,更是对资源合理配置以及长期效益最大化的深度权衡,贯穿于工程全生命周期的各个阶段。根据工程结构特点、使用者的需求及其承担的社会效益,工程结构需满足的功能要求主要体现在以下三方面。

(1) 安全性

在遵循标准设计流程、严格把控施工质量以及维持常态化维护管理的前提下,结构必须具备卓越的承载能力和抗震能力,能够有效抵御设计使用年限内可能遭遇的各类荷载与作用,确保不发生任何形式的破坏失效。以变电站装配式站房为例,当面临强降雨等极端天气冲击时,凭借合理的结构选型、精确的力学计算以及优质的施工建造,装配式站房应能保持足够的承载强度,各结构构件完好无损,同时维持整体结构的稳定性,防止出现倾斜、坍塌等严重威胁安全的状况,全力保障站内设备稳定运行以及周边人员和财产的安全。

(2) 适用性

在结构的日常使用过程中,维持良好的使用性能是不可或缺的。这意味着结构应与设计用途高度契合,不给使用者带来任何不便或潜在风险。以变电站构支架为例,在长期运行中,其跨中挠度需严格控制在 $L/200$(L 为横梁跨度)以内。一旦跨中挠度超出这一限值,极有可能导致构支架上设备连接部件松动和变形,进而影响设备正常运转,甚至引发安全事故。因此,精确控制跨中挠度是保障变电构支架适用性的关键技术指标之一,直接关系到整个变电系统的稳定运行。

(3) 耐久性

在正常维护保养条件下，结构必须在预定的设计使用年限内始终稳定地满足各项功能要求，这就对结构的耐久性提出了极高要求。结构的耐久性直接关联其使用寿命与全生命周期的维护成本。以混凝土电杆为例，在长期使用过程中，若因混凝土碳化、氯离子侵蚀等劣化现象或钢筋锈蚀等因素影响，导致电杆无法正常服役至预定年限，不仅会产生高昂的更换成本，还可能引发供电中断等严重后果，影响社会生产生活的正常秩序。所以，从材料选用、结构构造设计到施工工艺控制等各个环节，都必须充分考虑耐久性因素，采取诸如使用高性能防腐混凝土、对钢筋进行多重防腐处理等有效防护措施，确保结构在长期使用过程中的稳定性与可靠性。

结构的安全性、适用性和耐久性共同构成了结构的功能。从生命体的健康概念出发，如果某结构能够出色地保持各项既定的结构功能，则可以认为该结构是健康的。健康的结构不仅能够保持既定的结构功能，各种裕量充足，还能具备一些用户额外期待的功能，并且在超常荷载作用下仍具有安全性和适用性。这种对结构健康状态的全面考虑，为理解和评估结构功能提供了一个更为宏观的视角。

1.1.2 医学健康诊断与结构健康监测的类比

在医学领域中，健康监测与诊断是两个密切相关但又有所区别的概念。健康监测是指通过定期或持续性地对个体的生理指标和健康状态进行监测与评估，以全面了解其健康状况，并在此基础上及时采取健康管理与干预措施的过程。这一过程强调对健康状态的动态跟踪，旨在通过早期发现潜在问题，预防疾病的发生与发展。诊断则是一个更为专业和深入的过程。医生需要根据患者的病史、症状和体征，结合医学检查和实验室检查结果，对疾病进行识别、判断和确定。诊断不仅需要对患者当前的健康状况进行全面评估，还需要通过专业的医学知识和技术手段，对疾病的性质、严重程度及其发展过程进行准确判断。健康监测与诊断之间存在着紧密的联系。健康监测可以为诊断提供重要的信息和线索，帮助医生更全面地了解患者的健康状况，从而为诊断提供有力支持。而诊断则需要在健康监测的基础上进行深入的分析和判断，以确保诊断结果的准确性和可靠性。通过健康监测和诊断的有机结合，可以更好地了解个体的健康状况，及时发现并治疗疾病，从而有效提高个体的健康水平和生活质量。这种综合性的健康管理方式，不仅有助于疾病的早期干预和治疗，还能够促进个体的整体健康，为人们的生活带来更多福祉。

在工程领域中，结构健康监测与诊断巧妙地借鉴了医学领域的理念。类比于医学对人体健康的关注，结构健康监测专注于工程结构的"健康状况"。它是一个通过对结构健康状态的内、外在表现及其相关指标展开定期或者持续性监测的过程。目的在于全面深入地了解结构的功能实际状况，以便能够及时采取有效的预防措施，或者实施有助于提高结构功能的各类措施。从具体表现来看，结构健康监测中的外在表现，通常直观地体现为结构所出现的损伤和病害，诸如裂缝、变形、腐蚀等明显的物理性破坏迹象，这些外在表征往往能够被直接观察或借助简单工具检测到。而内在表现则更多地涉及结构整体或局部的功能退化，虽然这种退化可能不会直接被肉眼察觉，但却会在结构的承载能力、稳定性、耐久性等关键性能指标上逐渐反映出来，例如材料的疲劳、刚度的降低等。

结构健康监测的主要聚焦对象是结构的损伤情况以及整体或局部的性能表现。它通过对这些关键要素的持续跟踪监测，收集大量的数据信息，为后续的分析和决策提供坚实的数据基础。然而，需要明确的是，结构健康监测本身并不涉及对结构最终健康状态的全面诊断。

结构的诊断则是一项更为深入和综合的工作。工程技术人员需要严格依据国家的法律法规、工程建设领域的有关技术标准以及各类相关文件，运用先进的仪器设备和无损传感技术，对结构的材料特性、作用在结构上的荷载情况以及结构所产生的响应等进行精准的检测或监测。在此基础上，紧密结合结构本身所具备的功能、实际的用途以及具体的工程条件，从多个维度、多个层面全面地对结构的健康状态做出科学合理的评价。不仅要准确判断结构当前是否达到健康的要求，还要进一步量化评估其健康程度究竟如何。

1.1.3 结构健康监测与诊断的任务

结构的健康监测与诊断肩负着两大重要任务。其一，是对结构当前状态进行精准的识别与客观的评价。这要求综合运用各种监测数据和分析方法，准确把握结构在当下的实际状况，及时发现潜在的问题和隐患。其二，是对结构健康状态进行持续的跟踪和科学的预测。通过对历史数据的深入分析以及对结构性能变化趋势的准确把握，提前预判结构在未来可能面临的风险和挑战，从而能够有针对性地采取相应的措施，保障结构的安全稳定运行，延长其使用寿命。结构进行健康监测的传统手段依赖人力和设备，监测手段烦琐多样，整体性差，而且操作费时费力。随着我国综合国力的提升，电力工程基础设施建设取得了显著的成就，各种功能复杂的变电站建（构）筑物应运而生，满足了国家电网的需求。然而随着时间的推移，服役中的变电站建（构）筑物在各种环境作用、长期荷载和偶发自然灾害作用下出现性能下降，甚至可能造成电力中断等事故。变电站建（构）筑物在服役期间损伤的逐步累积、结构的突然破坏和变形的逐步增加等性能的退化和参数的改变是一个时变过程，传统的监测方法无法快速有效地整合各个方面的测试结果并进行自动化分析和安全判定，无法实现结构的实时监测与自动化预警等功能。

在过去的几十年间，科技领域经历了一场前所未有的变革，计算机硬件技术飞速迭代，运算速度与存储容量实现了质的飞跃；通信技术不断突破，从传统的有线通信迈向高速、稳定的5G乃至未来的6G时代，信息传输更加高效；互联网技术如同一股浪潮，席卷全球，让信息的交互变得即时且便捷；物联网技术则将物理世界与数字世界紧密相连，使得万物皆可互联；信号分析技术在算法的不断优化下，对信号的解析能力日益增强；相关结构分析技术也在理论与实践的融合中持续创新。这一系列技术的蓬勃发展，为结构在服役期实现自动化、智能化的健康监测提供了坚实的技术支撑，开启了全新的篇章。与此同时，结构健康监测的内涵和外延也在不断拓展，其定义发生了深刻的演变。

在工程领域，业内人士已形成广泛共识，结构健康监测是一项高度综合性的复杂技术体系。它依托先进的传感器技术，这些传感器犹如结构的"神经末梢"，能够敏锐地感知结构在自然环境因素，诸如风雨、温度变化、地震作用，以及人为激励，例如交通荷载、机械振动等情况下产生的应变、加速度、沉降等结构响应，并进行实时、精准的监测。借此，我们能够捕捉到结构在不同工况下的细微变化，哪怕是极其微小的异常，都逃不过这些"神经末梢"的感知。

在监测数据的传输与处理环节，先进的信号信息处理技术和通信技术大显身手。通信技术保障了监测数据能够快速、稳定地从监测现场传输至数据处理中心，而信号信息处理技术则如同一位经验丰富的"数据分析师"，对海量的监测数据进行去伪存真、深度挖掘，全面且深入地识别结构特征参数和损伤状况。基于这些精准的分析结果，运用科学的评估模型，对结构性能进行客观、准确的评估。更为重要的是，借助大数据分析、机器学习等前沿技术，能够对结构在未来服役周期内的性能变化趋势进行科学预测，提前洞察潜在的风险。

这一系列操作的根本目的在于全方位保障结构基本功能的稳定运行，实现从传统的事后维修向预防性管理和维护的转变。通过提前发现结构存在的问题并及时处理，确保结构始终处于安全、可靠的运行状态，延长结构的使用寿命，降低维护成本，保障人民生命财产安全。

1.1.4 变电站建（构）筑物结构健康监测

作为结构健康监测的重要分支，变电站建（构）筑物的结构健康监测，在保障建（构）筑物安全方面发挥着举足轻重的作用，其安全的重要措施与常规建（构）筑物变形监测相辅相成，共同发挥着重要作用。其工作流程同样严谨而细致，首先在变电站的关键结构部位，如变压器基础、开关设备支撑结构以及重要连接节点等，精心布置高精度监测传感器。在运营阶段，这些传感器能够持续、不间断地进行变形观测，不遗漏任何可能影响结构安全的细微变化。

通过这种方式，能够精确捕捉变电站结构在荷载作用下的响应信息，这些信息如同结构的"健康密码"，揭示了结构运行状态的关键细节。基于这些宝贵信息，结合先进的数据分析技术和专业的监测软件，构建了一套针对变电站建（构）筑物的结构健康监测系统。该系统宛如一个智能的"健康诊断专家"，对采集的数据进行深入剖析，挖掘变形规律，并从力学原理、材料特性、环境影响等多个维度探究变形原因。一旦发现结构存在异常变形或潜在隐患，系统能迅速做出健康状态评估与预警，为变电站建（构）筑物的稳定性和安全性提供充分、可靠的科学依据。

在现代电力工程领域，变电站结构健康监测是一项极为关键且复杂的技术体系。它全面、细致地监测结构的运营状况，科学、严谨地评定结构的安全性能，并精准预测结构的长期性能。监测方式主要包括两个方面：一是定期采集布置在结构上的传感器列阵所反馈的数据，这些传感器如同敏锐的感知触角，分布在变电站的各个关键部位，精准捕捉结构在不同工况下的细微变化；二是持续观察结构体系随时间产生的变化，提取损伤敏感特征值，深度处理和分析数据信息，以精确评估当前健康状态。同时，基于定期更新的数据，还能预测结构在老化、恶劣天气等复杂环境下的表现，确保其维持基本功能，安全稳定运行。

正因为结构健康监测在保障变电站结构安全、延长使用寿命等方面发挥着不可替代的作用，所以它被电力工程界广泛认为是提高结构健康与安全水平，实现长寿命和可持续管理的有效途径。通过实施这种监测，能够及时发现潜在安全隐患，提前采取维护和修复措施，避免发生重大安全事故，同时合理安排维护资源，降低维护成本，为变电站的长期稳定运行提供坚实保障。

1.2 结构损伤、性能退化与变形

在各类工程结构中，结构损伤、性能退化和变形是致使结构健康状态走向恶化的核心因素。当结构处于服役进程时，随着时间持续不断地流逝，其功能不可避免地会产生各式各样的偏离与下降情况。这种变化会促使结构朝着不利于安全稳定运行的方向发展，进而对结构的健康状况构成严重威胁。结构功能的偏离与下降主要体现在三个关键层面：一是结构在实际使用过程中各种使用条件的退化；二是结构自身性能出现不可避免的退化；三是结构局部产生损伤。

1.2.1 结构使用条件的退化

结构使用条件主要是指结构在正常使用时必须严格满足的特定条件。以变电站设备支架为例，其必须始终保持一定程度的平整度，而且在承受外荷载作用的情况下，支架所产生的变形绝对不能超过预先设定的允许值。一旦这些关键条件发生偏离或者出现下降趋势，就会严重影响支架结构功能的正常发挥，最终对设备的稳定运行造成负面影响。在现实环境中，结构会受到降雨、高温、风力、地震、车辆往来等环境压力，以及人为因素变动的多重影响。这些复杂因素共同作用，极有可能引发结构振动以及建筑变形。当结构的应变量达到大型建（构）筑物结构所能承受的极限值时，就可能引发诸如土壤地表沉降、开裂，甚至结构倾倒、坍塌等一系列严重安全事故，带来难以估量的损失。

1.2.2 结构自身性能的退化

结构自身性能的退化主要是由材料劣化、收缩徐变和裂缝等多种因素共同作用引起的。材料劣化会使结构材料原本的优良性能逐步降低，收缩徐变则会让结构在长期受力过程中产生不可忽视的变形，裂缝的出现更是直接削弱了结构的承载能力。这些因素综合作用，将导致结构特性发生显著变化，结构抗力逐渐退化，进而对结构的健康构成严重威胁。结构自身性能的退化通常具备整体性和渐进性两大特点。它是在长时间内缓慢发展的，只能从宏观整体角度把握其演变趋势，很难察觉瞬时发生的细微变化，在实际操作中也难以做到精准定位和定量识别，如图1-1所示。比如在存在侵蚀介质的地区，即便钢筋混凝土电杆已经进行了侵蚀分析，并采取了相应的防侵蚀措施，但由于环境侵蚀的长期作用，钢筋锈蚀和混凝土碳化的情况依然难以完全避免，这最终还是会导致结构性能的逐步退化，进而影响结构的正常使用和安全性能。

(a) 混凝土碳化

(b) 钢筋锈蚀

图 1-1　结构自身性能退化

1.2.3　结构局部损伤

由偶然性撞击、爆炸作用等突发事件所导致的局部受力面积突发性缺损，是结构健康受损的一个重要且直观的方面。这类事件往往突如其来，给结构带来瞬间的、剧烈的冲击，导致局部区域的结构材料迅速剥落或破裂，进而引发刚度损伤。这种损伤通常显而易见，能够立即引起人们的注意，并需要及时采取措施进行修复，以防止损伤进一步扩展，影响整体结构的稳定性。除了这种突发性的损伤外，还有一种更为隐蔽且持续累积的损伤类型，那就是因结构功能逐渐偏离设计初衷并伴随性能下降而出现的局部缓变刚度损伤。这种损伤往往不易被察觉，它随着时间的推移而逐渐发展，可能是由于长期承受荷载、环境因素（如腐蚀、风化）的作用，或者是设计、施工中的微小缺陷逐渐放大所致。缓变刚度损伤虽然初始时影响较小，但如果不加以重视和及时修复，会逐渐累积，最终导致结构整体性能的显著下降，对结构的长期稳定性构成严重威胁。

结构性能的整体劣化还会导致阻尼性能的下降，形成阻尼损伤。阻尼是指结构在振动过程中消耗能量的能力，它对于减小结构的振动响应、提高结构的抗震性能具有重要作用。然而，当结构材料老化、连接部位松动或存在其他缺陷时，阻尼性能会受到影响，导致结构在振动过程中能量消耗减少，振动响应增大。这种阻尼损伤虽然不像刚度损伤那样直观，但它同样会对结构的健康状态产生不利影响，降低结构的整体性能和安全性。

结构的损伤是一个复杂且多面的问题。无论是突发性的刚度损伤、隐蔽且持续累积的缓变刚度损伤，还是导致阻尼性能下降的阻尼损伤，都会对结构的健康状态产生不利影响。因此，在结构的设计、施工和维护过程中，必须充分考虑各种可能的损伤因素，采取有效的措施进行预防和控制，以确保结构的安全、稳定和持久运行。

在实际操作中，人们往往发现，相较于定义什么是结构的健康状态，界定何为不健康状态要来得更为直接和明确。这是因为，一旦诊断出结构存在明确的损伤迹象，如物理性的破损、性能的明显下滑或是形态的异常变形，那么，就可以毫不犹豫地判断该结构正面临着健康问题的困扰。这种判断方式，基于直观的损伤观察和性能评估，为结构健康监测与维护提供了重要的依据。因此，在保障结构安全、延长使用寿命的实践中，准确识别并应对这些常规意义上的损伤，是确保结构健康不可或缺的一环。

1.3 变电站建（构）筑物结构健康监测的意义

伴随着社会的迅猛进步，国家经济、工业实力以及科技创新能力持续提升，电力能源在支撑国民经济发展、保障民众日常生活与生产活动中所扮演的角色愈发关键。得益于国家和政府的有力扶持，我国电力行业在近数十载光阴里取得了令人瞩目的飞跃，不仅建设规模蔚为壮观，更是有力地满足了工业制造与民众生活的多元化用电需求。

变电站，作为电力传输与分配体系中的核心节点，其重要性不言而喻，直接关系到国家电网的整体安全与稳定运行。变电站内的建（构）筑物结构，作为承载大量精密电气设备与复杂线路的基础平台，其结构稳定性与安全性是电网顺畅运作的基石。鉴于此，加强对变电站建（构）筑物结构的健康监测工作，不仅是对电网安全稳定运行的坚实保障，更是响应社会与经济持续健康发展的迫切需求。通过细致入微的监测，能够及时发现并解决潜在的结构隐患，确保电网在任何时刻都能以最优状态服务于国家发展和民众福祉，其战略意义与现实意义均极为深远。

① 对变电站建（构）筑物结构实施全面而细致的健康监测，是确保电网安全稳定运行的关键一环。这个举措能够敏锐捕捉到结构中细微的裂缝、异常的变形以及不均匀的沉降等迹象，使得用户能够迅速识别并采取针对性的修复与加固措施，从而有效防范潜在风险，稳固电网的安全防线。尤为重要的是，在变电站面临地震、风灾、洪涝等自然灾害，或是设备故障、爆炸、火灾等突发事件时，其建（构）筑物往往首当其冲，承受巨大压力，进而可能对电网的整体安全构成严重威胁。而通过结构健康监测系统，我们能够及时捕捉到这些灾害或事故的前兆，精准定位潜在的安全隐患，并迅速启动有效的预防措施，从而最大限度地减轻灾害与事故对变电站建（构）筑物的损害，确保电力供应链条的正常运转，满足社会经济发展对电力稳定性和可靠性的高要求。这一系列行动，不仅体现了对电网安全的深切关怀，更是对社会进步与经济发展的有力支撑。

② 变电站建（构）筑物结构的健康监测，其意义远不止于对现有结构状态的简单监测与日常维护，更是对结构设计和建造技术的一次深度检验与持续改进过程。在实际监测中，通过对获取的大量监测数据进行细致入微的分析和深入研究，能够精准地发现结构设计和建造过程中潜在的问题与不足之处。这些问题的揭示，犹如为未来的结构设计和建造提供了一盏明灯，为其提供了极为宝贵的经验与参考依据。以此为基础，不断推动结构设计和建造技术的创新与发展，使其能够更好地适应日益增长的电力需求和复杂多变的建设环境。随着科技的迅猛发展与广泛应用，如今的变电站建（构）筑物结构健康监测正逐步朝着智能化和自动化的方向迈进。借助先进的传感器技术、自动化控制技术以及大数据分析技术，能够实现对变电站基础设施安全的实时、全方位监测，一旦发现异常情况，立即发出精准预警，并自动启动维护措施，有效保障变电站的安全稳定运行。

③ 变电站建（构）筑物在整个电力系统中扮演着举足轻重的角色，它不仅肩负着保护各种电力设备的重要使命，为电力设备提供安全稳定的运行环境，同时也是电力工作人员开展日常办公以及实施设备检修的关键场所。然而，构成变电站建（构）筑物的混凝土、砌体材料和钢材等建筑材料，长期暴露在复杂的自然环境和工业环境中，极易受到环境的侵蚀。随着时间的推移，混凝土会逐渐发生碳化现象，钢筋开始锈蚀，钢材遭受腐蚀，砌体材料的强度也会不断劣化。这些变化将直接导致结构的承载力逐步下降，进而对电力设备的安全稳定运行造成严重的威胁。而且，随着服役时间的持续增加，变电站建（构）筑物的老化问题会愈发严重，其可能引发固定支撑松动甚至失效，致使电力设备的安装偏离原本预定的位置，稳固性大大降低，这无疑会对电力设备的正常运行和安全性产生负

面影响。此外，变电站建（构）筑物的散热条件和保温条件也会随着服役时间的延长而进一步恶化。这将导致电力设备在运行过程中散热速率大幅下降，性能逐渐降低，使用寿命也会相应缩短。综上所述，变电站建（构）筑物服役时间过长会在多个方面对设备的安全稳定运行产生不利影响。因此，必须对变电站建（构）筑物进行全方位、系统性的监测和科学有效的管理，及时准确地发现潜在问题，并迅速采取切实有效的措施加以解决，以此降低事故发生的风险，确保电力系统的安全可靠运行。

④ 气体绝缘金属封闭输电线路（gas insulated line，GIL）作为一种用于高压输电的关键线路，其结构主要由接地合金铝外壳和内置管状合金铝导体共同组成，并采用六氟化硫（SF_6）等性能优良的绝缘气体作为绝缘介质。它的主要功能是巧妙运用气体绝缘技术，从而实现更高的电力传输效率和更小的输电损耗，在长距离、大容量的电力传输中发挥着重要作用。气体绝缘金属封闭开关设备（gas insulated switchgear，GIS）则是将变电站中除变压器以外的一次设备，像断路器、隔离开关、接地开关、电压互感器、电流互感器、避雷器、母线、电缆终端、进出线套管等，经过精心优化设计后，有机地组合成一个高度集成的整体。GIL 和 GIS 设备的基础有着体积庞大、长度较长以及对施工质量控制要求极为严格的显著特点，尤其是对地基基础的沉降要求近乎苛刻。这是因为这类设备对基础的不均匀沉降异常敏感，哪怕是极其微小的沉降差异都可能引发设备运行故障。一般情况下，GIL 和 GIS 设备厂家会明确要求设备基础的水平误差不得超过±5mm。在某些对精度要求更高的地区，如日本，这个要求甚至更为严格，水平误差不得超过±3mm，相邻设备基础间的沉降差不得大于±10mm。这种严格要求相较于普通工业与民用建筑相邻柱基沉降差允许值，提高了将近 10 倍。为了切实确保 GIL 和 GIS 设备的安全稳定运行，有效预防设备损坏和事故的发生，同时为地基基础设计的优化提供科学指导，及时发现并妥善处理基础沉降问题，保障 GIS 设备的正常运行和安全使用，对 GIL 和 GIS 设备基础的沉降进行严密监测就显得尤为必要。GIL 和 GIS 设备对沉降的要求主要体现在两个关键方面：一是结构性沉降差，它主要由地基的处理方式和基础型式的选择所决定；二是安装性沉降差，其产生的原因涵盖了设备预埋件的埋置方式以及安装焊接时的变形等因素。

⑤ 变电架构和设备支架主要采用钢材、混凝土材料制作而成，它们肩负着支承和固定变压器、断路器和电容器等重要电力设备的重任，是保障这些设备安全稳定运行的关键所在。在设计变电架构和设备支架时，宜优先选用人字柱结构或空间桁架结构，因为这两种结构形式在力学性能和稳定性方面具有明显优势。

当然，在满足电力设备运行、安装和检修等条件的前提下，也可以采用单杆或单杆拉线结构。需要注意的是，组成架构柱的结构杆件应尽量减少弯矩效应，若杆件承受的弯矩较大，宜采用空间桁架柱结构，以增强结构的承载能力和稳定性。变电架构和设备支架长期处于露天环境中，饱受大气腐蚀介质的侵蚀，因此必须根据大气腐蚀介质的具体情况，采取行之有效的防腐措施，以延长其使用寿命。在结构尺寸方面，人字柱的根开（两柱脚间距）与柱高之比，不宜小于 1∶7；打拉线构支架平面内柱脚根开与柱高之比不宜小于 1∶7；格构式架构梁的高跨比不宜小于 1∶25，钢筋混凝土梁的高跨比不宜小于 1∶20；单钢管梁直径与跨度之比不宜小于 1∶40，单钢管联系梁直径与跨度之比不宜小于 1∶50。此外，当采用单钢管梁时，还应采取预防微振动的措施，以确保结构的安全稳定。变电架构和设备支架对变形较为敏感，一旦变形超出了允许值，就容易导致变压器、断路器和电容器等重要设备的安装不平稳。在风荷载等外力作用下，这些设备会产生较大的振动，进而可能引发电力设备发生故障甚至损坏。为了确保变电架构和设备支架在电力设备运行过程中的挠度始终不超过允许值，有效减少锈蚀、腐蚀、断裂、倒塌和失稳等事故的发生，降低电力设备的运行风险，对变电架构和设备支架的变形进行实时监测是必不可少的。

⑥ 铟瓦尺，也被称为铟钢尺或铟瓦水准标尺，是一种常用于精密水准测量的专业工具，广泛应用于绘图、建筑、工程以及其他对精确测量有着严格要求的领域。然而，在变电站这样的强电磁场环境下，铟瓦尺却存在诸多安全隐患。由于其具有良好的导电性，在强电磁场作用下，铟瓦尺周围可能会产生感应电流或电动势，这将严重影响其测量精度。更为严重的是，一旦铟瓦尺与电力设备发生意外接触，极有可能引发电火花或短路等危险情况，进而导致设备故障甚至引发电气火灾等严重事故。为了有效降低铟瓦尺在使用过程中带来的风险，消除现有检测和监测方法存在的安全隐患，一些地方明确规定禁止在变电站中使用铟瓦尺进行实测实量。此外，采用铟瓦尺进行变形监测还存在效率低下的问题，并且往往依赖人工巡检和定期监测，无法实现实时、动态的监测。而采用现代的结构健康监测技术，一方面能够有效避免因铟瓦尺等金属制品测量工具在变形监测中带来的风险，另一方面可以显著提高结构维护和管理效率，实现对变电站建（构）筑物的实时监测和数据分析，为变电站的安全运行提供有力保障。

⑦ 当变电站遭遇暴雪和强降雨等极端恶劣天气时，降水会迅速汇聚并直接流到地势较为低洼的地方，这可能导致淤泥变得疏松，地表土方出现滑坡现象，进而使电力设备基础有可能出现沉陷，威胁电力设备的安全稳定运行。同时，由

于雨水具有导电性,在采用传统的检测方法对变电站建(构)筑物实施监测时,会面临诸多困境。一方面,检测效率会受到严重影响,无法及时准确地获取监测数据;另一方面,工作人员处于导电环境中,存在极大的触电风险,这对工作人员的生命安全构成了严重威胁。因此,当变电站发生暴雪或强降雨时,传统的检测方法便难以实施。变电站作为电力系统中至关重要的电力设施,承担着变换电压、接受和分配电能、控制电力的流向以及调整电压等关键任务。它包含了种类繁多的电力设备,如生产和转换电能的设备、开关电器设备、限制故障电流和防御过电压的电器、载流导体、互感器、继电器保护装置、综合自动化设备、站内低压用电直流系统以及一些辅助设备等。众多电力设备集中布置在变电站内,使得检测场地相对狭小。例如,在布置变电站建(构)筑物的倾斜监测和观测点时,常常难以找到合适的位置,这就导致一些监测项目无法顺利开展。不过,随着科技的不断进步与广泛应用,变电站建(构)筑物结构的健康监测正逐步实现智能化和自动化。通过引入先进的传感器技术、数据处理和分析技术,能够有效减少恶劣天气和场地限制对监测工作的影响,实现对变电站建(构)筑物结构的实时监测、预警和自动维护,大幅提高结构健康管理的智能化和自动化水平,为电网的安全稳定运行提供更为坚实可靠的保障。

1.4 结构健康监测原理及系统的组成

1.4.1 基于结构响应分析的结构健康监测方法

结构健康监测作为一门新兴的交叉学科,广泛融合了建筑、结构、计算机、通信、信息、传感器以及材料等多个学科领域。其核心成果——结构健康监测系统,是一个集结构监测、系统辨识和结构评估于一体的软硬件集成体系。该系统主要通过各类传感器,精准采集结构的特征信息,随后运用预先精心设计的算法,对采集到的数据进行深度分析与处理,进而对结构在各种荷载作用下的响应以及影响结构正常运行的因素进行全面评估和科学预测,最终构建起一套能够保障结构安全稳定运行,并有效评估结构主要性能指标的监测体系。

结构健康监测在传统结构检测技术的基础上实现了重大创新与突破,充分运用传感设备、光电通信和计算机等前沿技术,对服役期内的结构在荷载作用下的实时响应和行为进行动态监测。通过获取反映结构状况和环境因素的信息,深入分析结构的健康状态,从而对结构的功能和性能做出客观、准确的评价,为结构的运维管理提供直观、可靠的科学依据，助力相关决策的制定与实施。一般而言，可以通过监测数据识别结构损伤和关键部位的变化，对结构基本功能进行客观、定量的评估，举例如下。

① 正常荷载作用下结构产生的变形、裂缝、应力等荷载响应和力学状态。

② 结构在地震、飓风、强降雨等突发自然灾害之后产生的沉降、变形和损伤等情况。

③ 结构构件因为服役时间较长而产生的钢筋锈蚀、混凝土碳化等影响结构耐久性的情况。

④ 结构在吊车、车辆等动力荷载作用下产生的长期疲劳效应。

⑤ 结构重要构件和附属设施的工作状态。

⑥ 结构所处的环境条件，如风速、温度和地面运动等。

基于结构响应分析开展结构健康监测，通常有两种方法。第一种方法是通过对比当前结构监测采集的数据与以往健康监测保存的数据变化，分析结构的基本功能。第二种方法则是依据监测数据、理论模型以及预先设计的算法进行分析计算，以此诊断结构的健康状态。

采用第一种方法时，需在结构完好的初始状态下，对结构的应力应变进行测试，并妥善存储测试数据。在结构服役过程中，利用布设的传感器持续监测结构中的应力应变分布，每次监测完成后，都将新数据与首次采集的数据以及前一次数据进行对比分析。一旦发现数据有较大变化，便可初步判定结构出现异常。此时，需着重加强对结构关键部位和损伤部位的监测，获取各类异常情况下的测试数据，这些数据将作为评判结构功能的对比依据。

采用第二种方法时，基于采集到的监测数据，依据理论模型对结构进行受力分析，从而判断结构是否安全。前一种方法操作相对简便，对理论基础要求不高，但存在明显弊端，需要获取大量试验数据，而且针对所有损伤部位对应的应力应变分布进行分析颇具难度。后一种方法虽然需要深厚的理论基础，一旦理论模型有误，就会影响结构功能评价的准确性，不过其优势在于较容易获取各种损伤所对应的结构应力应变分布。

1.4.2 结构健康监测系统的组成

由上述结构健康监测的基本原理和监测内容可知，结构健康监测系统的设计需遵循工程要求和效益两大准则。结构健康监测的目的涵盖监控与评估、设计验证或者研究与发展。在设计结构健康监测系统时，首先，要明确建立该系统的目的和功能。其次，需要综合考虑监测系统的规模、传感器的布设方案、通信设备的配置、用户的实际需求以及投资限度等诸多因素。结构健康监测系统最基本的组成部分应包括传感器子系统、数据采集与处理及传输子系统、损伤识别与模拟修正及安全评估子系统，还有数据管理子系统等。

（1）传感器子系统

传感器是能感受到被测量的信息，并能将感受到的信息，按一定规律变换成电信号或其他所需形式的信息输出，以满足信息的传输、处理、存储、显示、记录和控制等要求的一种装置。在结构健康监测系统中，传感器主要将待测的物理量转为可以直接识别的电/光/磁信号，用于存储和分析，主要包括加速度计、风速风向仪、位移计、温度计、应变计、信号放大处理器及连接介质等。传感器子系统是结构健康监测系统最前端和最基础的子系统，需要注意传感器选型的合理性、传感器布设的合理性和传感器自身的耐久性等。

（2）数据采集与处理及传输子系统

该子系统由硬件系统和软件系统组成，是联系传感器子系统和数据管理子系统的纽带，主要包括信号采集及相应数据存储设备、网络操作系统平台、安全监测局域网和互联网等。该子系统安装于待测结构中，用于采集传感系统的数据并进行初步处理，并将处理过的数据传输到监控中心。该子系统的主要功能是将传感器子系统传入的光、电等数字信号转化为可视化的模拟信号，然后对模拟信号进行进一步的预处理，存储在数据管理子系统中。

（3）损伤识别、模拟修正及安全评估子系统

该子系统主要由高性能计算机、模拟修正软件、损伤识别软件、安全评估软件、结构分析软件、实时预警软件等多个软件模块和硬件组成，负责分析接收到的数据，判断损伤的发生、位置和程度，对结构健康状况做出评估，自动发出报警信息，是结构健康监测系统功能实现的核心组成部分。

（4）数据管理子系统

该子系统的核心是数据库，负责保存结构施工和运维的各种资料、采集的监测数据和数据处理结果等，承担着结构健康监测系统的数据管理功能。

一个完整的结构健康监测系统一般由上述4部分组成，各个子系统的功能既相互独立，又最大限度地与其他子系统协同合作，共同实现结构健康监测系统的实时性、自动化、集成化和网络化等。选择结构健康监测系统应参考以下 3 个方面。

① 观测点的空间布设，主要指传感器的最优布置以及数据传输和采集设备的性能。

② 系统或算法在面对异常情况或噪声时能够保持稳定性和正确性的能力，主要指是否容易在观测数据中寻找到异常数据以及系统在各种风险条件下的维持既定功能的能力和正常工作能力。

③ 只有精准地监测数据，才能及时发现结构的问题并采取有效的修复措施。而监测数据的精准性，取决于监测指标对于结构损伤的灵敏度，以及在实际环境中传感器对监测指标的观测精度。

1.5 结构健康监测发展历程及展望

1.5.1 结构健康监测发展历程

结构健康监测技术起源于 1954 年，主要目的是对结构进行荷载监测。随着结构设计日益朝着大型化和复杂化方向发展，结构健康监测技术的内容逐渐丰富起来，除了对结构的荷载进行监测之外，还开展了结构损伤监测、损伤定位和结构寿命评估等方面的工作。

在早期阶段，主要通过人工目测、人工检查和便携式仪器设备测试等方式获得结构响应信息，从而对结构健康状况进行评估。人工目测和人工检查的主观性较大，容易出现人为错误，结构健康状况往往得不到客观的评估。除此之外，人工目测和人工检查需要大量的人力、物力和财力，无法检测诸多的盲区，缺乏整体性，实时性差。

传感技术的出现对结构健康监测产生了深远的影响，为结构健康监测提供了更为精确、高效的数据获取手段，能够实时监测结构各种关键性指标，提高了结构健康监测的自动化和智能化水平。20 世纪 80 年代后期，美国率先采用传感技术对桥梁进行健康监测，监测环境荷载和局部应力状态，用以验证设计假定、监控施工质量和实时评定服役的安全状态。1989 年，美国 Brown 大学的 Mendez 等人首先提出把光纤传感器用于混凝土结构的健康监测。此后结构健康监测技术逐步走向成熟，成为土木工程结构领域的研究热点。如今，结构健康监测可以应用的结构形式日趋多样化，如大跨桥梁结构、超高层建筑与空间结构、水利工程结构和海洋平台结构等。

结构健康监测技术的发展大致可以分为 3 个阶段。

① 早期单项健康监测系统阶段，传感器有限，主要依靠人力采集数据，对结构进行间歇性监测。

② 集成监测系统阶段，传感器种类日渐丰富，采集系统趋于完善，可以连续采集数据并对数据进行有效的管理和分析。

③ 集成监测诊断系统阶段，数据处理和结构分析功能更强大，能够对结构健康状态进行在线评估和在线预警，为深入的离线评估提供便利。

1.5.2 结构健康监测展望

(1) 基于物联网的建筑结构健康监测系统

物联网作为一项极具创新性的前沿技术，通过精妙的架构，将传感器、控制器、电子设备、软件、网络以及各类系统有机地连接在一起。这种连接并非简单的物理拼接，而是构建起一个高度智能化的生态体系，实现了设备之间信息的流畅互通、精准的智能化控制以及高效的信息共享。在实际应用场景中，物联网技术的融入使得生产流程得到了极大的优化，生产效率呈指数级增长，同时也为人们的生活和工作带来了前所未有的便利性。

在建筑结构健康监测领域，物联网技术发挥着不可替代的关键作用。借助远程传感器和控制器，结构健康监测得以突破地域和时间的限制，实现对建筑结构的全方位实时健康监测。通过实时采集的数据，系统能够对结构状态进行精准的评估，及时发现潜在的安全隐患。同时，高效的数据管理机制确保了数据的完整性和准确性，为后续的安全评估提供了坚实的数据基础。这种基于物联网的监测模式，不仅显著提升了结构监测系统的可靠性和实时性，还能有效降低仪器设备的运行成本，全方位保障建筑结构的稳定性和安全性，为决策者提供科学、精准且便捷的技术支持。基于物联网的结构健康监测系统的组织方案，清晰直观地展示在图 1-2 中，为技术人员和相关研究人员提供了可视化的参考依据。

BIM，即 building information modeling，它是一种依托三维数字技术的强大数据化工具。通过将建筑工程项目各相关信息高度集成，BIM 能够为建筑行业提供全面、精准的信息支持。当基于物联网将 BIM 技术引入结构健康监测系统中时，系统将具备更为强大的功能。一方面，能够实现三维模型的构建，使建筑结

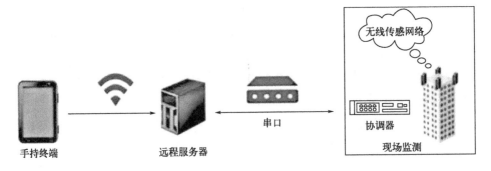

图 1-2 基于物联网的结构健康监测系统组织方案

构以更加直观的方式呈现，便于技术人员进行分析和评估；另一方面，多级预警和预警可视化功能的实现，能够让安全隐患在第一时间被察觉并以直观的形式展示出来，为及时采取应对措施提供了有力保障。此外，基于物联网将无线通信技术引入结构健康监测系统中，构建起以地理位置为基础的监测、跟踪、评估和评价模型，这种创新的模式不仅推动了无线通信和物联网的协同发展，还为结构健康监测系统注入了新的活力。

(2) 基于无线传感器网络的结构健康监测系统

无线传感器网络在建筑结构健康监测中扮演着数据采集先锋的重要角色。在建筑结构的运行过程中，它能够实时、精准地收集位移、振动、温度和湿度等关键信息。这些信息犹如建筑结构的"生命体征"，反映着结构的实时状态。收集到的数据会迅速传输到远端的监测系统，在那里进行深度的建模和分析。通过科学的分析方法，监测系统能够准确地确定建筑结构的健康状况，及时发现潜在的风险。

相较于传统同轴电缆传输的传感器，无线传感器网络具有诸多显著优势。传统传感器存在成本高、效率低、安装烦琐、报警功能简单、灵活性差、设计存在缺陷以及能耗高等问题，而无线传感器网络则完美地克服了这些弊端。它显著地减少了原始数据传输过程中的冗余，极大地节省了存储空间，降低了能耗。同时，无线传感器网络还具有硬件成本低、易于安装、安装时间短和易于维护等突出特点。在实际应用中，这些优势使得无线传感器网络能够快速部署，适应各种复杂的建筑环境，并且在长期运行过程中保持稳定可靠的性能。此外，无线传感器网络在可扩展性方面表现出色，能够根据实际需求灵活地增加或减少传感器节点，满足不同规模建筑结构的监测需求。

(3) 基于无损检测技术的结构健康监测系统

无损检测技术是一种在不损害或不影响被检测对象使用性能的前提下，对其进行全面检测的先进技术手段。它巧妙地利用声、光、磁和电等物理特性，深入探测被检对象内部是否存在缺陷或不均匀性。在检测过程中，无损检测技术不仅能够准确地检测出缺陷的存在，还能给出缺陷的大小、位置、性质和数量等详细信息。通过这些信息，技术人员可以精准地判定被检对象所处的技术状态，例如是否合格、剩余寿命还有多少等。

在建筑结构健康监测领域，无损检测技术具有广泛的应用前景。它可以用于检测结构的厚度、体积、材料类型和强度等抗力参数，这些参数是评估建筑结构承载能力的关键指标。同时，无损检测技术还能够检测结构的裂缝、裂隙、开裂、变形和疲劳状态等结构响应，这些响应是结构健康状况的直接体现。通过及时发现结构的缺陷，深入分析结构损伤的原因，无损检测技术能够有效地评估结构的健康状况，为预防结构损坏甚至坍塌提供有力的技术支持。

将无损技术引入结构健康监测系统中，结合先进的传感器和控制元件，能够实现对建筑结构相关信息的在线和实时获取。通过对这些信息的深度分析，提取出关键的损伤特征，从而准确识别结构的损坏状态。一旦发现结构存在危险因素，系统能够迅速采取适当措施进行控制，及时消除潜在的安全隐患，推动结构健康监测系统朝着自我发展、自我完善的方向不断进步。

(4) 基于云计算和大数据技术的结构健康监测系统

云计算（cloud computing）是一种基于互联网的创新计算模式。它的工作原理是将大量复杂的计算处理程序巧妙地分解成无数个相对简单的小程序，然后通过多部服务器组成的强大系统对这些小程序进行高效的处理和分析，最终将得到的结果准确地返回给用户。这种计算模式充分利用了互联网的分布式特性，实现了计算资源的高效利用和灵活分配。

大数据技术则是应对海量复杂数据处理挑战的有力武器。它综合运用大规模并行处理、数据库、数据挖掘、分布式文件系统、分布式数据库、云计算平台、互联网和可扩展的存储系统等多种先进技术手段，能够对那些难以用常规手段管理和处理的数据集进行有效的处理和分析。

当将云计算和大数据计算应用到结构健康监测系统中时，系统的功能将得到质的飞跃。一方面，系统能够将图像、历史记录、气象信息、施工质量与后期使用情况等丰富多样的信息存储在云端，实现数据的安全存储和便捷访问。另一方面，借助云计算和大数据技术强大的计算和分析能力，系统能够对海量数据进行实时监测分析，按照预设的条件及时发出准确的报警信息，从而精准地评估结构的响应变化。此外，依托于云计算和大数据强大的功能，还可以对建筑物的历史进行长期、深入的评估，及时检测出结构是否存在潜在的问题，为建筑结构的长期安全运行提供全方位的保障。

第 2 章

变电站建（构）筑物结构健康监测仪器

2.1 概述

在现代社会，电力供应是保障经济发展和社会正常运转的关键要素。变电站作为电力系统的核心枢纽，承担着电压转换、电能分配和传输等重要任务，其结构的健康状况直接关系到电力系统的安全稳定运行。随着电力需求的持续增长和电网规模的不断扩大，变电站的数量日益增多，且运行环境愈发复杂，这使得变电站结构面临着诸多潜在风险。

在长期运行过程中，变电站建（构）筑物会受到多种因素的影响。一方面，设备自重、地震、设备振动等长期静、动荷载的作用，会对结构造成持续的压力和应力；另一方面，气候、腐蚀、氧化或老化等环境因素，也会导致结构抗力逐渐退化。例如，对于气体绝缘全封闭组合电器（GIS），由于一般采用露天环境布置，其结构筒体长年累月历经酷暑严寒而发生热胀冷缩，由此可能导致筒体变形、支座开裂、膨胀节损坏、绝缘子破裂、SF_6 气体泄漏等事故。某 220kV 的 GIS 变电站，在 2013 年投运，5 年后就发现端部间隔母线支座存在开裂问题，虽进行了消缺处理，但后续仍出现母线两端固定支撑变形开裂、母线支架位置底架与基础预埋钢之间焊缝开裂等问题，严重威胁到设备的安全运行。

这些问题若不能及时发现和处理，可能引发严重的电力事故，造成大面积停电，不仅会给电力企业带来巨大的经济损失，还会对社会生产和居民生活产生严重的负面影响。2003 年 8 月 14 日，北美洲发生了一次大规模停电事故，影响范围覆盖美国东北部和中西部的 8 个州以及加拿大东南部的 2 个省，超过 5000 万人受影响。起因是俄亥俄州北部一条过热的电线下垂接触树木导致跳闸，随后电网中的多条线路相继跳闸，引发连锁反应，最终导致系统崩溃。停电持续时间不等，部分地区在 4 天后恢复供电，而加拿大安大略省部分地区停电持续了一个多星期。

传统的变电站监测方式主要依赖人工巡检，这种方式存在诸多局限性。人工巡检不仅效率低下，难以实现对变电站结构的实时监测，而且容易受到人为因素的影响，导致一些潜在的安全隐患无法及时被发现。因此，引入先进的结构健康监测技术，实现对变电站结构的实时、全面监测，对于保障电力系统的安全稳定运行具有重要意义。通过安装各类传感器，实时采集变电站结构的应力、应变、位移、温度等数据，并运用先进的数据分析算法对这些数据进行深入分析，能够及时准确地评估变电站结构的健康状况，提前发现潜在的安全隐患，并采取相应的措施进行处理,从而有效降低事故发生的概率,保障电力系统的安全稳定运行。同时,结构健康监测系统还可以为变电站的维护管理提供科学依据,通过对监测数据的分析,合理安排维护计划,优化维护策略,提高维护效率,降低维护成本。

对变电站建(构)筑物的结构健康监测技术进行研发,不仅有助于提高电力系统的安全性和可靠性,减少因结构故障引发的电力事故,保障社会生产和居民生活的正常用电需求,还能为电力企业的可持续发展提供有力支持,具有重要的现实意义和广阔的应用前景。

2.2 测试技术基础

2.2.1 工程测试技术概述

工程测试技术是一门综合性的技术学科,旨在对工程系统或产品进行全面的检测、测量、分析和评估。它通过运用各种先进的技术手段和方法,对被测试对象的物理量、化学量等进行精确测量,获取相关信息,并对这些信息进行深入分析,从而判断被测试对象的性能、状态以及是否符合设计要求和相关标准。

工程测试技术的应用领域极为广泛,涵盖了机械工程、土木工程、航空航天工程、电子工程等众多领域。在机械工程中,通过对机械零件的尺寸、形状、位置等参数进行测试,能够确保产品的加工精度,提高产品质量;运用振动、噪声、温度等测试技术,实时监测机械设备的运行状态,及时发现并诊断故障,保障设备的安全稳定运行;对机械设备的性能进行测试,如强度、刚度、耐磨性等,为产品的优化和改进提供有力依据。

在土木工程领域,工程测试技术通过布置传感器网络,实时监测工程结构的变形、应力、裂缝等参数,评估结构的安全性,提前预警潜在的安全隐患;运用地球物理勘探、岩土力学测试等技术,对工程地质条件进行详细调查和评估,为工程设计和施工提供可靠的地质依据;对施工过程中的材料性能、施工工艺、结构尺寸等进行测试,确保施工质量符合规范要求,保障工程的顺利进行。

在变电站建(构)筑物结构健康监测中,工程测试技术发挥着举足轻重的作用。通过对变电站结构的应力、应变、位移、温度等参数进行精确测量和实时监测,能够及时发现结构的潜在损伤和安全隐患。例如,当变电站结构受到地震、设备振动等外力作用时,通过传感器采集到的应变数据和位移数据,可以准确判断结构的受力状态和变形情况，及时评估结构的安全性。通过对监测数据的分析，还可以预测结构的性能变化趋势，为结构的维护、加固和改造提供科学依据，确保变电站的安全稳定运行，保障电力系统的可靠供电。

2.2.2 传感器技术基础

传感器是一种能够将被测量的物理量（如温度、压力、光强、湿度、速度等）转换为电信号或其他可处理信号的装置，其工作原理基于物理或化学效应，例如电阻变化、电容变化、光电效应、压电效应、磁电效应等，将非电量的物理量转换为电量信号，从而实现对环境或系统状态的监测和控制。例如，电阻式传感器利用电阻值随被测量变化的特性来测量物理量，电阻应变式传感器通过测量电阻丝的应变来计算作用在其上的力或压力；压电式传感器基于压电效应，当受到压力、加速度等物理量作用时，会产生与之成正比的电荷量。

传感器的分类方式多种多样。按被测量的物理性质可分为物理量传感器、化学量传感器和生物量传感器。物理量传感器用于测量力、速度、位移、温度、压力、流量等物理参数；化学量传感器用于检测各种化学物质的成分和浓度，如气体传感器、湿度传感器等；生物量传感器可用于检测生物体的生理指标、疾病诊断等，如生物传感器、基因传感器等。按照工作原理，传感器又可分为电阻式、电容式、电感式、压电式、磁电式、光电式等。电阻式传感器通过电阻变化来检测被测量；电容式传感器根据电容的变化来测量位移、压力、湿度等参数；电感式传感器通过电感的变化来检测位移、速度、压力等物理量；压电式传感器利用压电效应将压力、加速度等物理量转化为电信号；磁电式传感器利用电磁感应原理，将速度、位移等物理量转换为电信号；光电式传感器通过光电效应或光的反射、折射、干涉等原理，将光信号转化为电信号。

传感器的性能指标是衡量其质量和性能的重要依据，这些指标可以分为静态指标和动态指标两大类，每一类又包含多个具体的性能指标，每一种性能指标直接影响着监测数据的准确性和可靠性。灵敏度是指传感器输出变化量与输入变化量之比，反映了传感器对被测量变化的敏感程度。高灵敏度的传感器能够检测到微小的被测量变化，从而提供更精确的监测数据。分辨率是指能够检测到的被测量的最小变化量，分辨率越高，传感器对微小变化的检测能力越强，能够捕捉到更细微的结构状态变化。精度表示传感器测量结果与真实值之间的接近程度，是传感器准确性的重要指标。高精度的传感器能够提供更可靠的监测数据，为结构健康评估提供坚实的基础。线性度是指传感器输出与输入之间的线性程度，理想的传感器应该具有良好的线性度,这样在测量范围内,输出信号能够准确地反映被测量的变化。稳定性是指在一定时间内,传感器的性能保持不变的能力,包括零点漂移和量程漂移等。稳定的传感器能够保证监测数据的一致性和可靠性,避免因传感器性能变化而导致的监测误差。响应时间是指从被测量发生变化到传感器输出达到稳定值的时间,响应时间越短,传感器的动态性能越好,能够及时反映结构状态的快速变化。在变电站结构健康监测中,选择合适性能指标的传感器至关重要,只有这样才能确保获取准确、可靠的监测数据,为结构健康评估和故障诊断提供有力支持。

2.2.3 信号处理技术

信号处理是对各种类型信号进行分析、操作和变换的过程,其主要目标是获取有用信息、增强信号质量、消除噪声、提取特征以及实现数据压缩等。在变电站建(构)筑物结构健康监测中,信号处理技术对于提高监测数据的可用性和准确性起着关键作用。

信号处理可以分为模拟信号处理和数字信号处理两大类别。模拟信号处理主要处理连续时间信号,包括滤波器设计、调制、放大器设计、模拟信号传输等技术。例如,通过设计合适的滤波器,可以去除监测信号中的高频噪声或低频干扰,提高信号的质量;调制技术则可以将信号的频率范围进行调整,以便于信号的传输和处理;放大器设计用于增强信号的幅度,使其能够满足后续处理的要求。数字信号处理则是处理离散时间信号,主要涉及对数字信号的采样、量化、变换(如傅里叶变换、小波变换等)、滤波和处理。在数字信号处理中,采样是将连续时间信号转换为离散时间信号的过程,量化则是将采样后的信号幅度进行离散化处理,以便于数字系统进行处理;傅里叶变换可以将时间域信号转换为频域信号,便于分析信号的频谱特性,进行频率滤波、信号调制等操作;小波变换则具有多分辨率特性,适用于分析非平稳信号,能够更有效地提取信号的特征。

在监测数据处理中,常用的信号处理方法包括时域分析、频域分析、滤波技术、卷积与相关、信号变换等。时域分析直接对信号的时间序列进行分析,包括幅度、时延、波形分析等。通过观察信号的时域波形,可以初步了解信号的基本特征,如信号的幅值变化、周期等。频域分析使用傅里叶变换将信号转换到频域,分析信号的频谱特性。通过频域分析,可以了解信号中不同频率成分的分布情况,从而判断信号是否存在异常频率成分,例如在变电站结构振动监测中,通过频域分析可以识别出结构的固有频率和可能存在的故障频率。滤波技术是信号处理中常用的方法，包括低通滤波器、高通滤波器、带通滤波器等。低通滤波器允许低频信号通过，阻止高频噪声通过；高通滤波器允许高频信号通过，阻止低频信号通过；带通滤波器只允许特定频段的信号通过，通过合理选择滤波器类型和参数，可以有效地去除监测信号中的噪声和干扰，提取有用的信号成分。卷积与相关用于信号的平滑、特征提取和模板匹配。通过卷积运算，可以对信号进行平滑处理，减少信号中的噪声和波动；相关运算则可以用于检测信号之间的相似性，在结构健康监测中，可用于对比不同时刻的监测信号，判断结构状态是否发生变化。信号变换如傅里叶变换、拉普拉斯变换、Z 变换、小波变换等，为信号分析提供了不同的视角和方法。傅里叶变换是最常用的信号变换方法之一，它将时间域信号转换为频率域信号，便于分析信号的频率特性；小波变换则在分析非平稳信号时具有优势，能够在不同分辨率下对信号进行分析，更准确地提取信号的特征。通过综合运用这些信号处理方法，可以有效提高监测数据的质量和可用性，为变电站结构健康状况的准确评估提供有力支持。

2.2.4 数据采集与传输技术

数据采集系统是获取监测数据的关键环节，其主要由传感器、信号调理电路、数据采集卡、计算机等组成。传感器负责将被测量的物理量转换为电信号，信号调理电路则对传感器输出的信号进行放大、滤波、调制等处理，使其满足数据采集卡的输入要求。数据采集卡将模拟信号转换为数字信号，并传输给计算机进行后续处理。

数据采集系统的性能要求包括高精度、高速度、高可靠性等。高精度的数据采集能够确保获取的监测数据准确反映变电站结构的实际状态，为后续的分析和评估提供可靠依据。高速度的数据采集则能够满足对实时性要求较高的监测任务，及时捕捉结构状态的变化。高可靠性的数据采集系统能够保证在各种复杂环境下稳定运行，减少数据丢失和错误的发生。在选择数据采集系统时，需要根据具体的监测需求和应用场景，综合考虑这些性能要求，选择合适的设备和参数配置。

数据传输方式主要有有线传输和无线传输两种。有线传输包括以太网、RS-485、USB 等途径，具有传输稳定、抗干扰能力强、传输速率高等优点。以太网是一种常用的有线传输方式，它基于 TCP/IP 协议，能够实现高速、稳定的数据传输，适用于对数据传输速率和稳定性要求较高的变电站结构健康监测场景。RS-485 是一种半双工的串行通信接口，具有传输距离远、抗干扰能力强的特点，常用于连接多个传感器和数据采集设备，实现分布式的数据采集和传输。USB接口则具有即插即用、传输速度快等优点，适用于与计算机等设备进行直接连接的数据传输。无线传输包括Wi-Fi、蓝牙、ZigBee、4G/5G等方式，具有安装方便、灵活性高、可扩展性强等优势。Wi-Fi是一种基于无线局域网的传输技术，能够实现较大范围内的高速数据传输，适用于变电站内部的局部区域监测。蓝牙技术则适用于短距离、低功耗的数据传输，常用于连接小型传感器和移动设备。ZigBee是一种低功耗、低速率的无线通信技术，具有自组网、成本低等特点，适用于大规模传感器网络的数据传输。4G/5G技术则具有高速率、低延迟、大连接等优势，能够实现实时、远程的数据传输，为变电站结构健康监测的远程监控和管理提供了有力支持。在实际应用中，需要根据监测系统的布局、数据传输距离、传输速率要求以及成本等因素，合理选择数据传输方式，确保监测数据能够可靠、及时地传输到数据处理中心。

2.3 常用传感器的类型和工作原理

2.3.1 差动电阻式传感器

差动电阻式传感器，由美国人卡尔逊于1932年成功研制，故也被称为卡尔逊式仪器。其内部以张紧的弹性钢丝作为核心传感元件，将所受物理量转化为模拟量，因此在国外也被叫作弹性钢丝式仪器。

由物理学知识可知，钢丝在拉力作用下的弹性变形与电阻成比例关系，如

$$\frac{\Delta R}{R} = \lambda \frac{\Delta L}{L} \tag{2-1}$$

式中，ΔR为钢丝电阻变化量；R为钢丝电阻；λ为钢丝电阻应变灵敏系数；ΔL为钢丝变形增量；L为钢丝长度。

差动电阻式传感器的工作原理基于钢丝弹性变形与电阻变化以及温度变化的线性关系。在其内部，两根经过预拉且长度相等的钢丝，以特定方式固定在两根方形断面的铁杆上，两根钢丝的电阻分别设为R_1和R_2，由于设计长度一致，因此R_1和R_2近似相等，如图2-1所示。

当传感器受到外界拉压而产生变形时，两根钢丝的电阻会出现差动变化，即一根钢丝受拉，电阻增大；另一根钢丝受压，电阻减小，而两根钢丝的串联电阻保持不变，但其电阻比R_1/R_2发生改变。通过精确测量两根钢丝电阻的比值，

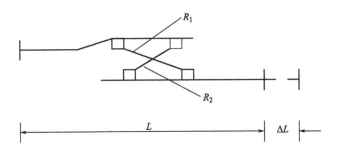

图 2-1　差动电阻式传感器元件结构

就能够准确求得仪器的变形或应力。当温度发生改变时，两根钢丝的电阻变化方向相同，温度升高，两根钢丝电阻均减小；温度降低，两根钢丝电阻均增大。通过测定两根钢丝的串联电阻，即可得到仪器测点位置的温度。

在实际应用中，差动电阻式传感器常被用于测量混凝土结构的应力、应变以及温度等参数。在大型变电站的基础建设中，可将差动电阻式传感器预埋在混凝土基础内部，实时监测基础在长期运行过程中由于上部设备荷载、温度变化、地基沉降等因素引起的应力和应变变化情况，为评估基础的稳定性和安全性提供关键数据。如在某特高压变电站的建设中，采用了大量的差动电阻式传感器，对变电站的主变压器基础、GIS 设备基础等关键部位进行了长期监测。通过对监测数据的分析，及时发现了基础在施工过程中的一些应力异常情况，并采取了相应的加固措施，确保了变电站建成后的安全稳定运行。

差动电阻式传感器具有灵敏度高、稳定性好、抗干扰能力强、精度较高等优点，能够在复杂的电磁环境中稳定工作，准确地测量出物理量的变化。然而，它也存在一些局限性，如：成本相对较高，对安装和维护的要求较为严格；温度变化对测量结果有一定影响，需要进行温度补偿；需要外部激励源支持，增加了系统的复杂性；线性度相对较低，在测量大变形时可能会产生较大误差。

2.3.2　钢弦式传感器

钢弦式传感器，也被称为振弦式传感器，在工程结构监测领域发挥着重要作用。其工作原理基于钢弦的振动特性与所受外力之间的关系。根据数学物理方程课程中的振动微分方程，钢弦的振动频率基本公式为

$$f = \frac{1}{2L}\sqrt{\frac{\sigma}{\rho}} \tag{2-2}$$

式中，f 为振动频率；L 为钢弦长度；σ 为钢弦所受的张拉应力；ρ 为钢弦的密度。

当振弦传感器制作完毕后，钢弦长度和密度为常数，令 $K' = (4L^2\rho)^{-1}$，可以将式（2-2）简化为

$$f = \sqrt{K'\sigma} \tag{2-3}$$

对于弹性材料，在钢弦弹性范围内，应力和应变呈线性关系，系数为材料的弹性模量 E，即 $\sigma = E\varepsilon$，将其代入式（2-3）得到

$$f = \sqrt{K'E\varepsilon} \tag{2-4}$$

设传感器受力与钢弦应变之间的变形系数为 K''，则 $P = K''\varepsilon$ 为要测量的物理量，令 $K = K''/(EK')$，则被测物理量为

$$P = Kf^2 \tag{2-5}$$

如果传感器未受到外力影响，或者安装时传感器的频率为 f_0，则被测物理变化导致传感器被动变化后频率改变为 f_1，那么被测物理量的改变量为

$$\Delta P = K(f_1^2 - f_0^2) \tag{2-6}$$

通常情况下，压力传感器未承受荷载时，$f_0^2 = 0$，因此被测物理量的该变量被简化为

$$\Delta P = Kf_1^2 \tag{2-7}$$

在实际应用中，通过电磁线圈激振钢弦，使其产生振动，并测量其振动频率，再经过观测电缆将频率信号传输至读数装置，就能准确测出被测结构物所受的应力或其他相关物理量。

在结构监测中，钢弦式传感器展现出诸多显著优点。它具有较高的精度，能够精确测量微小的应力和应变变化，为结构健康评估提供可靠的数据支持。其稳定性和耐久性也十分出色，输出为频率信号而非电压，这使得它可以通过长电缆传输，且不受导线电阻、浸水、温度波动等因素的影响，能够在恶劣的环境条件下长期稳定工作。例如在某跨海大桥的建设和运营过程中，为实时监测桥梁结构的应力变化，在关键部位安装了钢弦式传感器。这些传感器历经海风、海水侵蚀以及温度的大幅变化，依然稳定地工作，为桥梁的结构安全提供了有力保障。在某大型水利枢纽工程中，同样应用了大量钢弦式传感器，对大坝的应力、应变进行实时监测，确保了大坝在长期运行过程中的安全稳定。

然而，钢弦式传感器也存在一些局限性。它对安装要求较高，需要专业人员

进行安装和调试，以确保其测量的准确性；在测量动态应力时，由于其响应速度相对较慢，可能无法准确捕捉快速变化的应力信号。此外，传感器的成本相对较高，在一定程度上限制了其大规模应用。

2.3.3 电感式传感器

电感式传感器是一种基于电磁感应原理的传感器，其工作原理是利用电磁感应定律，将被测非电量（如位移、压力、流量等）转换成自感量 L 或互感量 M 的变化，再由测量电路将这种变化转换成电压或电流的变化，从而实现信息的远距离传输、记录、显示和控制，如图 2-2 所示。

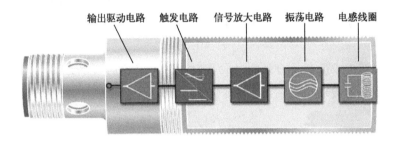

图 2-2 电感式传感器的组成和各部分功能

当导体在磁场中运动时，会在导体中产生感应电动势，其大小与导体的速度、磁场的强度以及导体在磁场中的有效长度成正比。电感式传感器主要由线圈、磁芯组成，当被测物体运动时，会在磁芯中产生变化的磁通量，进而在线圈中产生感应电动势，通过测量感应电动势的大小，就可以得到被测物体的运动速度、位移、加速度等参数。

根据测量参数的不同，电感式传感器可分为多种类型。变磁阻式电感传感器通过测量线圈与被测物体之间的磁阻变化来测量位移、速度等参数；差动变压器式电感传感器由两个相互耦合的线圈组成，其中一个线圈作为原边，另一个线圈作为副边，当被测物体移动时，原边和副边的磁通量发生变化，从而产生差动输出；涡流式电感传感器通过在被测物体中产生涡流来测量位移、速度等参数，涡流的大小与被测物体的电导率、磁导率以及线圈的激励频率有关；磁电式电感传感器利用磁电效应来测量磁场强度、电流等参数；磁阻式电感传感器通过测量被测物体对磁场的阻抗变化来测量位移、角度等参数。

在变电站建（构）筑物结构监测中，电感式传感器具有独特的应用价值。在测量变电站设备的位移方面，通过将电感式传感器安装在设备的关键部位，如变压器的底座、绝缘子的连接处等，能够实时监测设备在运行过程中的微小位移变化，及时发现设备可能存在的松动、倾斜等问题。在监测变电站结构的振动时，利用电感式传感器对振动的敏感特性，能够准确测量结构的振动频率和幅度，为评估结构的稳定性提供重要依据。某变电站在一次设备检修后，通过电感式传感器监测到变压器的振动异常，经过进一步检查，发现是由于变压器内部的一个部件松动导致的，及时进行了处理，避免了设备故障的发生。

电感式传感器具有结构简单、灵敏度高、稳定性好、抗干扰能力强、测量范围广等优点。其结构主要由线圈、磁芯组成，易于制造和维护；输出信号与被测参数成正比，能够测量微小的变化；输出信号不受温度、湿度等环境因素的影响，稳定性高；不受电磁干扰的影响，抗干扰能力强；并且可以测量多种物理参数，如位移、速度、加速度、磁场强度等。然而，电感式传感器也存在一些缺点，其测量精度受线圈的电阻、电感等参数的影响，需要精确设计和制造；对被测物体的电导率、磁导率等参数有要求，不同材质的物体可能需要不同的传感器；需要外部激励电源来产生磁场，增加了系统的复杂性；输出信号通常较小，需要放大和滤波后才能使用；对安装和对准要求较高，以保证测量精度。

2.3.4 电阻应变片式传感器

电阻应变片式传感器是基于电阻应变效应工作的，其核心原理是当金属或半导体材料受到外力作用而发生形变时，其电阻值会相应地发生改变。这种传感器的关键元件是电阻应变片，它通常由敏感栅、基底、覆盖层和引线等部分组成，如图 2-3 所示。

敏感栅是实现电阻应变转换的主要部分，一般由金属丝或金属箔制成，当它受到外力作用时，会产生形变，进而导致电阻值的变化。当金属丝受到外力 F 作用时，会发生伸长（轴向应变）或压缩（径向应变），导致长度改变了 Δl，横截面积变化了 ΔA，同时电阻率可能因为材料内部晶格结构的变形而变化（$\mathrm{d}\rho$）。这些变化共同影响电阻值 R，使得电阻值发生相对变化 $\mathrm{d}R$，即

$$\frac{\mathrm{d}R}{R} = \frac{\mathrm{d}\rho}{\rho} + \frac{\mathrm{d}l}{l} - \frac{\mathrm{d}A}{A} \tag{2-8}$$

式中，ρ 为金属材料的电阻率；l 为金属丝长度；A 为金属丝截面面积；R 为金属丝电阻。

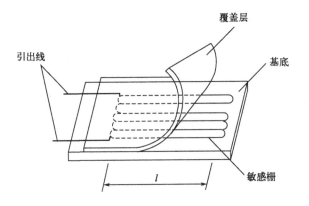

图 2-3　电阻应变计（片）构造示意

假定金属丝截面形状为圆形，则令 ν 为金属丝的泊松比，将 $\varepsilon = \mathrm{d}l/l$ 代入式（2-8），得到

$$\frac{\mathrm{d}R}{R} = (1+2\nu)\varepsilon + \frac{\mathrm{d}\rho}{\rho} = K\varepsilon \tag{2-9}$$

其中，将单位应变引起的电阻值相对变化定义为灵敏系数，即

$$K = (1+2\nu) + \frac{\dfrac{\mathrm{d}\rho}{\rho}}{\varepsilon} \tag{2-10}$$

由式（2-10）可知，金属丝的灵敏系数 K 应与其电阻率的变化和应变大小有关，但实验测定表明，在弹性范围内，电阻应变片的灵敏系数为一个常数，对于金属材料，主要由几何尺寸变化决定，而对于半导体材料，电阻率的变化影响更大。一般而言，K 值越大，表示单位应变变化引起的电阻变化越大，也就是金属丝对其长度的变化越灵敏。

实际应用中，电阻应变片通常粘贴在弹性元件上，当弹性元件受到外力作用产生弹性变形时，粘贴在其表面的电阻应变片也会随之变形，从而导致电阻值的变化。然后，通过相应的测量电路将这个电阻变化转换为电信号（电压或电流）输出，从而完成将外力变换为电信号的过程。常见的测量电路有桥式电路（半桥、全桥）和惠斯通电桥（图 2-4），这些电路能够有效放大微弱的应变信号，并抵消环境温度变化的影响。电阻应变仪的测量原理是通过惠斯通电桥，将微小电阻变化转换为电压或电流的变化。

根据分压原理，输出电压为

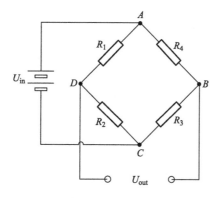

图 2-4 惠斯通电桥示意

$$U_{\text{out}} = U_{\text{BC}} - U_{\text{DC}}$$
$$= \frac{R_3}{R_3 + R_4} U_{\text{in}} - \frac{R_2}{R_1 + R_2} U_{\text{in}} \quad (2\text{-}11)$$
$$= \frac{R_1 R_3 - R_2 R_4}{(R_1 + R_2)(R_3 + R_4)} U_{\text{in}}$$

由此得到桥路输出电压的变化与电阻阻值变化之间的关系。

$$\mathrm{d}U_{\text{out}} = \frac{\partial U_{\text{out}}}{\partial R_1} \mathrm{d}R_1 + \frac{\partial U_{\text{out}}}{\partial R_2} \mathrm{d}R_2 + \frac{\partial U_{\text{out}}}{\partial R_3} \mathrm{d}R_3 + \frac{\partial U_{\text{out}}}{\partial R_4} \mathrm{d}R_4$$
$$= \left[\frac{R_1 R_2}{(R_1 + R_2)^2} \left(\frac{\mathrm{d}R_1}{R_1} - \frac{\mathrm{d}R_2}{R_2} \right) + \frac{R_3 R_4}{(R_3 + R_4)^2} \left(\frac{\mathrm{d}R_3}{R_3} - \frac{\mathrm{d}R_4}{R_4} \right) \right] U_{\text{in}}$$

(2-12)

正确选用与操作电阻应变片及相关材料至关重要。首先，需根据试验的具体要求，精心选择电阻应变片的类型和规格尺寸，确保测量精度与适用性。其次，选用合适的黏结剂以粘贴电阻应变片，这是保证测量稳定性的关键步骤。接着，进行粘贴电阻应变片的工艺操作，流程包括：先对试件表面进行打磨处理以确保有良好的粘贴面，随后干燥处理；之后精确定位电阻应变片位置，涂抹底胶以增强黏结效果；再将电阻应变片及接线端子粘贴到位，并焊接引出线以便信号传输；最后对电阻应变片表面进行防潮及防护处理，延长使用寿命。完成电阻应变片的粘贴后，使用导线将其与电阻应变仪连接起来，以实现数据的准确采集。此外，为了消除温度变化对应变测量的影响，还需设计合理的应变计温度补偿方案。

在变电站结构健康监测中，电阻应变片式传感器可用于测量变电站设备的应力、应变等参数。在变压器的绕组、铁芯等部位粘贴电阻应变片，能够实时监测设备在运行过程中的应力变化情况，及时发现设备可能存在的过载、短路等故障隐患。在某变电站的扩建工程中，为了监测新安装的变压器在运行初期的应力状态，在变压器的铁芯和绕组上安装了电阻应变片式传感器。通过对传感器采集的数据进行分析，发现变压器在满负荷运行时，绕组的应力超出了正常范围，经过检查发现是由于部分绕组的连接螺栓松动导致的。及时对螺栓进行紧固后，变压器的应力恢复正常，避免了可能发生的设备损坏事故。

电阻应变片式传感器具有精度高、灵敏度高、响应速度快、测量范围广、结构简单、成本较低、易于制作和安装等优点，能够满足多种工程测量的需求。但它也存在一些缺点，如对温度变化较为敏感，需要进行温度补偿；测量结果易受环境因素（如湿度、电磁干扰等）的影响；长期稳定性相对较差，需要定期校准；应变片的粘贴工艺要求较高，粘贴质量会影响测量精度。

2.3.5 光纤传感器

光纤传感器是一种利用光导纤维作为敏感元件的传感器（图 2-5），它通过检测光纤中光信号的强度、相位、偏振态或时间延迟等参数的变化，来感知和测量各种物理量，如温度、压力、应变、振动、声波、磁场、电场等。

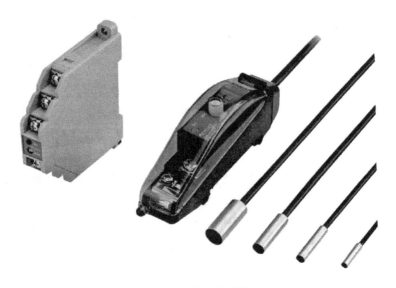

图 2-5　光纤传感器

光纤传感器的工作原理基于光在光纤中的传输特性,如图2-6所示。光在光纤中传播时,主要依靠全反射效应。光纤通常由纤芯、包层和涂覆层三部分组成,纤芯是光信号传输的主要部分,其折射率高于包层,当光信号以合适的角度进入纤芯时,会在纤芯与包层的界面上不断发生全反射,从而沿着纤芯传播。当外界物理量作用于光纤时,会导致光纤的某些特性发生变化,进而引起光信号参数的改变,通过检测这些变化,就可以实现对物理量的测量。

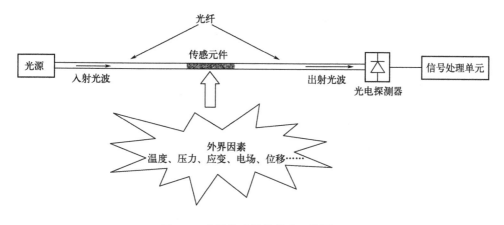

图 2-6　光纤传感器的基本工作原理

根据传感机制的不同,光纤传感器可分为多种类型。强度调制型光纤传感器通过检测光强的变化来感知外界环境的变化,当光纤受到外界应力或环境变化时,光的传播损耗会发生变化,从而引起光强的变化;相位调制型光纤传感器通过检测光信号相位的变化来感知外界环境的变化,光信号的相位会受到光纤长度、折射率变化的影响,特别适用于检测微小的应变和振动;频率调制型光纤传感器通过检测光信号频率的变化来感知外界环境的变化,当光纤受到外界环境变化影响时,光信号的频率会发生漂移;偏振调制型光纤传感器通过检测光信号偏振状态的变化来感知外界环境的变化,光纤中的双折射效应会影响光信号的偏振状态。

在变电站这种电磁环境复杂的场所,光纤传感器具有独特的优势。它的电绝缘性能极佳,能够有效避免受到电磁干扰的影响,确保监测数据的准确性和可靠性。在变电站中,大量的电气设备会产生强大的电磁场,传统的传感器很容易受到这些电磁场的干扰,导致测量误差甚至无法正常工作,而光纤传感器则不会受到这些影响。其灵敏度高,能够检测到极其微小的物理量变化,对于及时发现变电站结构的细微异常至关重要。它还具备耐腐蚀、防爆性好、可分布式测量等优点，能够适应变电站恶劣的工作环境，并且可以在多个位置同时进行测量，全面监测变电站结构的健康状况。在某 500kV 变电站的建设中，采用光纤传感器对主变压器的绕组温度进行实时监测。通过在绕组中预埋光纤温度传感器，能够准确测量绕组的温度变化，及时发现了一次因冷却系统故障导致的绕组温度异常升高情况，为运维人员及时采取措施提供了准确的信息，避免了变压器因过热而损坏的事故发生。

然而，光纤传感器也存在一些不足之处：其信号处理较为复杂，需要专业的设备和技术来对光信号进行分析和处理；成本相对较高，包括传感器本身的成本以及安装、维护所需的设备和人力成本，这在一定程度上限制了其大规模应用；对安装和使用环境有一定要求，如光纤的弯曲半径不能过小，否则会影响光信号的传输。

2.3.6 光纤光栅传感器

光纤光栅传感器是一种基于光纤光栅技术的新型传感器，其核心部件是光纤光栅，它是通过在光纤纤芯中形成周期性的折射率变化而制成的，如图 2-7 所示。

图 2-7 光纤光栅传感器

当光波在光纤中传播时，如果光纤内部存在周期性的折射率变化，即形成光纤光栅，光波会与光栅的周期性结构发生相互作用。满足特定条件时，光波会在光栅处发生反射，形成特定的波长选择性反射，这种现象就是布拉格光栅效应。

布拉格条件可以用公式 $\lambda_B = 2n_{eff}\Lambda$ 表示，式中，λ_B 为布拉格波长；$2n_{eff}$ 为纤芯的有效折射率；Λ 为光栅周期。当外界物理量（如应变、温度等）作用于光纤光栅时，会导致光栅周期 Λ 和纤芯有效折射率 $2n_{eff}$ 发生变化，从而使布拉格波长 λ_B 产生漂移。

从光的干涉角度理解，当入射光进入光纤光栅后，被周期性折射率变化区域分成多个反射光和透射光，这些光之间会发生干涉。当满足布拉格条件时，特定波长的反射光会因相长干涉而得到加强，形成很强的反射信号，而其他波长的光则因相消干涉而被削弱，从而实现对特定波长光的选择反射。通过精确测量布拉格波长的变化，就能够准确获取外界物理量的变化信息。当光纤光栅受到拉伸应变时，光栅周期会增大，同时纤芯有效折射率会减小，这两者的综合作用导致布拉格波长向长波方向漂移；当温度升高时，光纤材料会发生热膨胀，使光栅周期增大，同时材料的折射率也会随温度发生变化，同样会导致布拉格波长发生漂移。

在变电站结构健康监测中，光纤光栅传感器具有广泛的应用。在监测结构应变方面，通过将光纤光栅传感器粘贴或预埋在变电站的关键结构部位，如建筑物的梁、柱，设备的支架等，能够实时、准确地测量结构在各种荷载作用下的应变情况。在某变电站的扩建工程中，为了监测新建站房的梁在施工和运行过程中的应变状态，在梁的底部和侧面布置了光纤光栅应变传感器。在施工过程中，通过对传感器采集的数据进行分析，及时发现了由于施工荷载分布不均导致的梁应变异常情况，及时调整了施工方案，确保了梁的施工质量。在变电站运行过程中，这些传感器能够持续监测梁在设备振动、温度变化等因素影响下的应变变化，为评估梁的结构安全性提供了重要依据。在温度监测方面，光纤光栅温度传感器能够精确测量变电站内设备的温度，及时发现设备过热等潜在故障。在监测 GIS 设备的温度时，将光纤光栅温度传感器安装在设备的关键部位，如母线连接处、断路器触头处等，能够实时监测这些部位的温度变化。一旦发现温度异常升高，系统会立即发出预警信号，通知运维人员及时进行检查和处理，避免设备因过热而损坏，保障了变电站的安全稳定运行。

光纤光栅传感器具有诸多优点。它的灵敏度高，能够检测到极其微小的物理量变化，对于及时发现变电站结构的细微异常至关重要；抗电磁干扰能力强，在变电站复杂的电磁环境中能够稳定工作，确保监测数据的准确性和可靠性；可实现分布式测量，通过在一根光纤上制作多个不同位置的光纤光栅，能够同时对多个点的物理量进行监测，全面掌握变电站结构的健康状况；体积小、重量轻，便于安装和维护，不会对变电站的原有结构造成较大影响。然而，光纤光栅传感器也存在一些不足之处。其信号解调设备相对复杂，成本较高，这在一定程度上限制了其大规模应用；对测量环境的要求较高，如温度、湿度等环境因素的剧烈变化可能会影响测量精度；在长距离传输过程中，信号可能会出现衰减，需要采取相应的信号增强措施。

2.3.7 电容式传感器

电容式传感器是一种基于电容量变化来检测被测量的传感器，其基本原理是利用电容的基本公式：

$$C = \frac{\varepsilon S}{d} \tag{2-13}$$

式中，C 为电容量；ε 为介电常数；S 为极板间的有效面积；d 为极板间的距离。

当被测量（如位移、压力、振动、加速度等）发生变化时，会导致 ε、S 或 d 发生改变，从而引起电容量 C 的变化。通过检测电容量的变化，就可以实现对被测量的测量，如图 2-8 所示。

图 2-8 电容式传感器

根据电容量变化的原因，电容式传感器可分为变极距型、变面积型和变介电常数型。变极距型电容式传感器通过改变极板间的距离来改变电容量，由于电容量与极距成反比，这种类型的传感器灵敏度较高，但线性度较差，适合测量微小位移。变面积型电容式传感器通过改变极板间的有效面积来改变电容量，其输出特性呈线性，适合测量较大的线位移和角位移。变介电常数型电容式传感器则通过改变极板间的介电常数来改变电容量，常用于测量液位、湿度、厚度等参数。

在变电站建（构）筑物结构监测中，电容式传感器可用于测量相关设备的位移、振动等参数。当监测变压器的振动情况时，通过把电容式传感器安装于变压器的外壳之上，一旦变压器产生振动，传感器的极板间距离或覆盖面积就会随之改变，进而引发电容量的变动。通过检测这个电容量的变化，可以精确地获取变压器的振动状况。在某变电站的改造项目中，为了观测新装变压器的运行过程中的振动状态，在变压器的四个角分别安装了电容式振动传感器。通过对这些传感器所采集的数据进行深入分析，能够实时把握变压器的振动幅度与频率，并且及时发现了一次因变压器内部部件松动所引发的异常振动情况，为运维人员迅速采取维修行动提供了精确的信息支持，有效阻止了设备故障的进一步恶化。

电容式传感器具有灵敏度高、动态响应快、结构简单、适应性强、非接触测量、功耗低等优点，能够快速准确地检测到被测量的变化，并且可以在恶劣的环境条件下工作。然而，它也存在一些缺点，如输出特性非线性，需要进行线性化处理；对电缆的电容变化比较敏感，容易受到干扰，需要采取屏蔽和接地措施；测量精度受环境因素（如温度、湿度等）的影响较大，需要进行温度补偿和湿度补偿。

2.3.8 压阻式传感器

压阻式传感器是一种基于压阻效应的传感器，其工作原理是利用半导体材料的电阻率随压力变化而改变的特性。在半导体材料中，当受到外力作用时，晶格会发生变形，导致载流子的迁移率和浓度发生变化，从而使材料的电阻率发生改变。这种变化与所施加的压力成正比，通过测量电阻率的变化，就可以实现对压力的测量。

压阻式传感器通常由一个膜片、电阻元件（压阻电阻）以及惠斯通电桥组成，如图 2-9 所示。膜片在受到压力时会发生形变，导致压阻电阻的电阻值发生变化，从而通过惠斯通电桥将电阻变化转换为电压信号输出。压敏元件是传感器的核心部分，一般采用硅等半导体材料制成，其电阻率对压力变化非常敏感。测量电路则用于将压敏元件的电阻变化转换为电压或电流信号输出，以便于后续的信号处理和分析。常见的测量电路有惠斯通电桥、恒流源电路等，惠斯通电桥能够将电阻变化转化为电压变化，具有较高的灵敏度和稳定性；恒流源电路则通过提供恒定的电流，使压敏元件的电压变化与电阻变化成正比，从而实现对压力的精确测量。

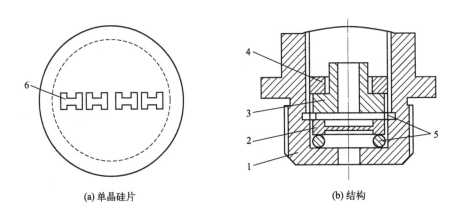

(a) 单晶硅片　　　　　　　　　(b) 结构

图 2-9　压阻式传感器

1—基座；2—单晶硅片；3—导环；4—螺母；5—密封垫圈；6—等效电阻

变电站的杆塔、构支架等关键结构在长期运行过程中，会不断受到风荷载、地震力等多种外部力量的考验，其应力状态也随之动态变化。为了精准掌握这些结构的应力分布状况，在关键受力部位巧妙地安装了压阻式传感器，实现了对应力状态的实时监测。一旦应力水平超过预设的安全阈值，传感器便会迅速响应，发出预警信号，及时提醒运维团队采取必要的干预措施，从而有效预防结构因承受过度负荷而遭受损坏的风险。在变电站的设备基础结构层面，压阻式传感器同样发挥着不可或缺的作用。它能够精确监测基础的沉降情况，对于基础可能出现的不均匀沉降问题尤为敏感。这种不均匀沉降若未能及时发现并处理，可能会导致设备发生倾斜，进而对设备的稳定运行构成威胁。通过压阻式传感器的精密测量，能够捕捉到基础微小的变形迹象，为设备基础的维护保养提供科学、可靠的依据。此外，压阻式传感器的应用范围还扩展到变电站的电缆沟盖板等结构。电缆沟盖板在长期的使用过程中，可能会因频繁承受人踩踏、车辆碾压等外力作用而出现损坏或变形。通过在这些关键部位安装压阻式传感器，能够实时掌握盖板的受力状态，及时发现并处理潜在的安全隐患，确保变电站的安全运行不受影响。

压阻式传感器具有灵敏度高、响应速度快、精度高、线性度好、体积小、重量轻、易于集成等优点，能够快速准确地检测到压力的微小变化，并且可以与其他电子元件集成在一起，形成小型化、智能化的传感器系统。然而，它也存在一些缺点，如温度稳定性较差，需要进行温度补偿；对过载较为敏感，在使用过程中需要注意避免过载；制造工艺复杂，成本相对较高等。

2.4 变形观测仪器

变电站建（构）筑物变形观测是保障变电站安全稳定运行的重要环节，其主要观测项目包括位移、沉降、倾斜等，能够直观反映变电站建（构）筑物结构的健康状况，及时发现潜在的安全隐患。

位移观测旨在监测变电站建（构）筑物结构在水平和垂直方向上的位置变化，这对于评估结构在各种荷载作用下的稳定性至关重要。例如，当变电站受到地震、大风等自然灾害或设备振动、短路电流冲击等内部因素影响时，结构可能会发生位移。通过位移观测，可以及时发现这些位移变化，判断结构是否处于安全状态。某变电站在一次地震后，通过位移观测发现部分建筑物的墙体出现了水平位移，及时进行了加固处理，避免了进一步的损坏。常用的位移观测仪器有位移计、全站仪等。位移计能够精确测量结构的微小位移，全站仪则可以通过测量角度和距离，计算出结构的三维位移。

倾斜观测用于监测变电站建筑物、设备支架等的倾斜程度，这对于判断结构的整体稳定性和安全性至关重要。倾斜可能是由于基础不均匀沉降、结构受力不均、地震等原因导致的。如果倾斜超过一定限度，可能会导致结构失稳，引发安全事故。在某变电站的设备支架检查中，通过倾斜观测发现部分支架出现了倾斜，经过分析是由于支架基础的一侧受到雨水冲刷，导致基础松动引起的。由此及时对基础进行了加固和修复，确保了设备支架的安全稳定。常用的倾斜观测仪器有经纬仪、测斜仪等。利用经纬仪测量角度，可计算出结构的倾斜度；测斜仪则可以直接测量结构的倾斜角度，精度较高，适用于对倾斜变化较为敏感的部位。

沉降观测主要关注变电站基础在垂直方向上的下沉情况，这对于评估基础的承载能力和稳定性具有重要意义。基础沉降可能是由于地基土质不均匀、地下水位变化、上部结构荷载过大等原因引起的。如果基础沉降过大，可能导致建筑物倾斜、开裂，甚至倒塌。在某变电站的运行过程中，发现部分区域的基础沉降超过了允许范围,通过进一步检查发现是由于地下水位下降导致地基土压缩引起的。及时采取了地基加固和地下水回灌等措施,控制了基础沉降的进一步发展。常用的沉降观测仪器有水准仪、沉降仪等。利用水准仪测量不同点之间的高差,可计算出沉降量;沉降仪则可以直接测量基础的沉降值,精度较高。

2.4.1 位移计

位移计是一种用于精确测量物体位移的仪器,其工作原理基于多种物理效应。常见的位移计有电阻式位移计、电感式位移计、激光位移计、磁致伸缩位移计等。

(1) 电阻式位移计

电阻式位移计的核心原理是将被测物体的机械位移转换为电阻值的变化,再通过电路将这种变化转化为电信号输出。当被测物体发生位移时,带动滑动触头或滑动电阻器移动,位移变化量与电阻变化量成正比关系。

$$\Delta S = S_i - S_0 = f(Z_i - Z_0) = f \Delta Z \tag{2-14}$$

式中,f 为仪器最小读数;S_i 为位移值;S_0 为初始位移值;Z_i 为电阻比;Z_0 为初始电阻比。

在电位器式位移传感器中,滑动触头在电阻元件上滑动,改变电阻值;在应变片式位移传感器中,应变片因形变而改变电阻值。滑动触头或应变片的位置变化导致电阻值发生变化,当滑动触头沿电阻元件移动时,接触面积或接触长度的变化会直接导致电阻值的变化。电阻值的变化通过电路转换为电压或电流信号。例如,电位器式位移传感器通过测量滑动触头与固定端之间的电压差来反映位移量;应变片式位移传感器则通过测量应变片的电阻变化来计算应变值。最终,通过放大器、滤波器等电路处理后,将电信号输出至读数装置或控制系统,用于显示或控制。

电阻式位移计通常由测杆(滑动触头)、护管、滑动电阻器、电缆、连接器和读数装置组成,如图 2-10 所示。测杆是位移计的核心部件,用于传递被测物体的机械位移。测杆通常由铝合金、不锈钢等材料制成,具有良好的机械强度和抗腐蚀性。护管用于保护测杆和电阻元件,防止机械磨损和环境干扰,其通常采用铝合金材料,具有良好的密封性和耐用性。滑动电阻器是电阻式位移计的关键部件,其阻值随滑动触头的位置变化而变化。滑动电阻器可以是线性电位器、圆形电位器或其他形式的电阻元件。电缆用于将位移计与读数装置或控制系统连接。现代电阻式位移计通常采用双绞屏蔽电缆,以提高抗干扰能力。读数装置用于显示或记录位移值。常见的读数装置包括数字式万用表、计算机接口等。

图 2-10 电阻式位移计

电阻式位移计的灵敏度和精度取决于电阻元件的材料特性、电路设计以及信号处理方法。例如,采用高精度的导电塑料或金属薄膜作为电阻元件,可以提高测量精度;而优化电路设计则可以减少非线性误差。电阻式位移计的埋设与安装应根据实际需要配制不同规格的法兰盘、支架、固定支座等,如图 2-11 所示。

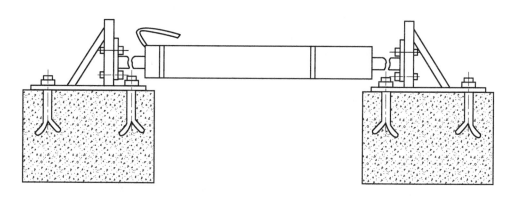

图 2-11 电阻位移计的安装

(2) 电感式位移计

电感式位移计是基于电磁感应原理工作的传感器，主要用于测量物体的位置、位移和运动。其核心部件包括线圈、铁芯、衔铁和信号处理电路，当线圈通电后，会产生磁场。当被测物体移动时，会改变磁场的分布，从而引起线圈电感量的变化，如图 2-12 所示。根据法拉第电磁感应定律，通过线圈的磁通量变化会在线圈两端产生感应电动势，其大小与磁通量的变化率成正比。信号处理电路将这种电感变化转换为电压信号或数字信号，从而实现位移的精确测量。

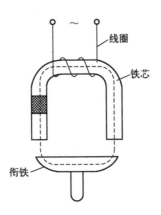

图 2-12　电感式位移计结构

电感式位移计可分为自感式和互感式两大类。自感式电感位移计通过改变气隙厚度（如变气隙型）或导磁体位置（如变面积型、螺管型）来改变线圈的自感量，其工作原理基于磁路磁阻变化。例如，衔铁移动会改变气隙磁阻，使线圈电感量与位移量成函数关系。互感式电感位移计则基于变压器原理，通过铁芯位移改变初级线圈与次级线圈间的互感系数。典型的差动变压器（LVDT）由初级线圈和对称分布的次级线圈组成，当铁芯处于中间位置时，两个次级线圈感应电势相等，输出为零；铁芯偏离时，互感变化导致两个次级线圈电势差与位移量成正比。此类传感器测量范围广（螺管型可达 1m）、精度高（0.1% 满量程），且无活动电触点，可靠性极佳。

电感式位移计具有显著的技术优势，其测量精度极高，分辨率可达微米甚至更高级别，能实现微小位移的精确测量；在一定测量范围内，输出信号与位移量呈良好的线性关系，线性度一般可达 0.1%，测量结果准确可靠；对外界电磁干扰和温度变化等因素抵抗能力强，在复杂环境中也能稳定工作；采用非接触式测量，铁芯与线圈无直接接触，既不会阻碍被测物体运动，也不会因摩擦磨损而降低使用寿命，减少维护成本；响应速度快，可及时输出信号，适用于动态测量和实时控制；测量范围广泛，通过合理设计能满足不同场景对微小位移和较大位移的测量需求。在工业应用中，自感式多用于机床加工、精密仪器中的微位移检测，而互感式凭借大范围和高稳定性，广泛用于变电站构支架、电气设备安装定位及自动化生产线中的位移反馈。

（3）激光位移计

激光位移计主要通过光学原理实现非接触式测量，其工作原理可以分为激光三角测量法和激光回波分析法。激光三角测量法利用激光发射器通过镜头将可见红色激光射向被测物体表面，反射的激光再通过接收器镜头被内部的电荷耦合器件（charge-coupled device，CCD）线性相机接收，如图 2-13 所示。

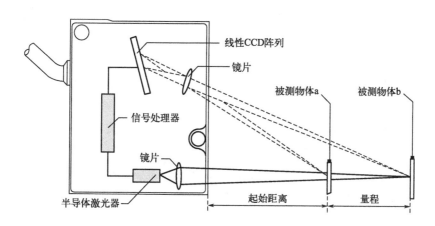

图 2-13 激光位移计工作原理

根据不同的距离，CCD 线性相机可以在不同的角度下"看见"这个光点，通过计算这个角度及已知的激光和相机之间的距离，数字信号处理器便能计算出传感器和被测物体之间的距离。这种方法适用于高精度、短距离的测量，最高线性度可达 $1\mu m$，分辨率可达到 $0.1\mu m$ 的水平。

而激光回波分析法则通过激光发射器每秒发射一百万个激光脉冲到检测物并返回至接收器，处理器通过计算激光脉冲从发射到接收所需的时间来测算距离值。这种方法适合长距离检测，但测量精度相对于激光三角测量法要低，最远检测距离可达 250m。

激光位移计在变电站建（构）筑物结构监测中展现出多维技术优势，其非接触式测量特性与微米级精度完美适配变电站复杂环境。该设备通过激光束对杆塔、构支架进行实时扫描，可捕捉风荷载或地震引发的毫米级形变，配合 RS485 数字信号输出实现与物联网平台联动，自动触发分级报警机制，较传统接触式传感器减少 60% 误报率。针对设备基础沉降问题，激光位移计通过多点位同步测量（精度±1mm）识别 0.5mm 以上的不均匀沉降，结合历史数据建模可预测结构寿命衰减曲线。在电缆沟盖板监测中，其三维轮廓扫描功能（重复精度 0.02%）可量化评估车辆碾压导致的挠曲变形，抗电磁干扰设计（工作温度 $-25\sim70℃$）保障了强电磁环境下的数据稳定性。工程实践显示，该技术使变电站运维成本降低 35%，事故响应时间缩短至 15min，形成覆盖高空桁架、设备基础、地下管廊的全维度智能监测体系。

（4）磁致伸缩位移计

磁致伸缩位移计的工作原理基于磁致伸缩效应，即铁磁性物质在外磁场的作用下，其尺寸会发生伸长或缩短，去掉外磁场后，其又恢复原来的长度，如图 2-14 所示。具体来说，磁致伸缩位移计主要由波导管、可移动磁环和电子室等部分组成。波导管内的敏感元件由特殊的磁致伸缩材料制成。测量时，电子室中的激励模块产生电流脉冲，该脉冲在波导管内传输，从而在波导管外产生一个圆周磁场。当该磁场与套在波导管上的可移动磁环产生的磁场相交时，由于磁致伸缩效应，波导管内会产生一个应变机械波脉冲信号。这个应变机械波脉冲信号以固定的声速传输，并很快被电子室所检测到。由于应变机械波脉冲信号在波导管内的

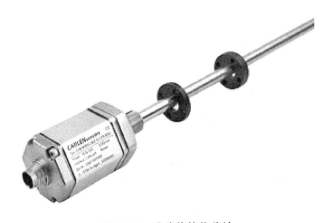

图 2-14　磁致伸缩位移计

传输时间和可移动磁环与电子室之间的距离成正比，因此可以通过测量时间来确定这个距离，从而实现高精度的位移测量。在变电站的设备维护中，磁致伸缩位移计可用于监测设备的伸缩量，及时发现设备的故障隐患。

在变电站结构健康监测中，位移计主要用于监测设备基础、建筑物基础、设备支架等的位移情况。在监测设备基础的位移时，将位移计安装在基础的关键部位，如基础的四角或中心位置，实时监测基础在设备运行过程中的位移变化。在某变电站的运行过程中，通过位移计监测发现设备基础出现了不均匀位移，经过进一步检查，发现是由于基础下的地基土出现了局部松动导致的，及时采取了地基加固措施，避免了设备因基础位移而损坏。在监测建筑物基础的位移时，将位移计安装在建筑物的墙角或基础梁上，监测建筑物在长期运行过程中的位移情况。在某变电站的建筑物扩建工程中，通过位移计监测发现新建部分的基础与原有基础之间出现了相对位移，经过分析，是由于新建部分的基础施工时对原有基础造成了一定的扰动，及时调整了施工方案，确保了建筑物的整体稳定性。在监测设备支架的位移时，将位移计安装在支架的顶部或底部，监测支架在设备振动、风力等作用下的位移变化。在某变电站的一次大风天气后，通过位移计监测发现部分设备支架的位移超出了正常范围，经过检查，发现是由于支架的连接螺栓松动导致的，及时对螺栓进行了紧固，确保了设备支架的安全稳定。

在变电站建（构）筑物结构监测中，位移计的选择需综合考虑测量需求与环境特性。对于长期监测场景，应优先选用线性度优于 0.1%FS、具备温度自动补偿功能的振弦式位移计；在强电磁干扰区域，则需采用抗干扰等级≥20kV/m 的激光位移计，其非接触式测量特性可避免电磁耦合影响。安装过程中，需通过全站仪对杆塔、构支架等监测点进行三维坐标标定，严格遵循"膨胀螺栓固定角铁-万向节连接传感器-测杆延伸"的标准化流程，安装后需进行 72h 连续稳定性测试，确保位移计初始值偏差≤0.05mm。为保障数据真实性，建议采用双传感器冗余布设方案，通过 RS485 总线将数据同步传输至本地 PLC 和云端监测平台，并每月用 0.01mm 精度的千分表进行现场校准。误差控制方面，需建立温度-湿度复合补偿模型，对传感器输出值进行动态修正（补偿精度达±0.02mm/℃）；针对构支架振动干扰，可配置 50Hz 工频滤波算法，有效抑制±1mm 振幅范围内的数据波动。实际工程表明，通过优化传感器选型（如深层地基选用量程 30mm 的 MDS 型位移计）、规范安装流程（垂直度偏差≤1°）以及实施环境补偿策略，可使变电站结构监测系统的综合误差控制在 0.15mm 以内，较传统方法精度提升 40%。

2.4.2 测斜仪

测斜仪是通过测量测斜管轴线与铅垂线之间的夹角变化，用以监测建（构）筑物的侧向位移的高精度仪器，在土木工程、地质勘探、水利水电、矿山开采以及交通基础设施等众多领域都发挥着关键作用。其工作主要基于倾斜角测量的原理，通过内置的高精度倾角传感器来感知并测量安装点处相对于水平面的微小倾斜角度变化。这些变化会通过电缆或无线传输模块传输至读数仪或数据采集系统，再经过数据处理软件的分析，最终得到结构体的倾斜变形情况。测斜仪按工作原理可细分为多种类型，如基于重力作用的测斜仪、光电测斜仪等。

(1) 基于重力作用的测斜仪

基于重力作用的测斜仪利用重力作用在传感器敏感元件上产生的倾角变化，通过测量该变化量来计算被测物体的倾斜角度，如图 2-15 所示。

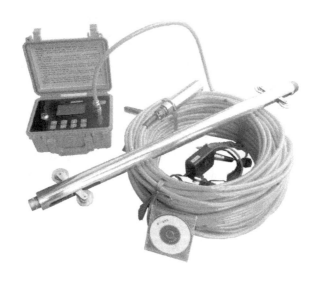

图 2-15 基于重力作用的测斜仪

基于重力作用的测斜仪的核心原理是基于重力始终指向地心的特性，利用重力加速度计或重力摆锤来感知倾斜角度。在重力加速度计式测斜仪中，内部装有多个高精度加速度计，这些加速度计能够感知地球引力在不同方向上的分量。当测斜仪安装在被测物体上时，加速度计会测量测斜管与铅垂线之间的倾角，通过计算这些分量,可以精确地确定物体的倾斜角度和位移变化。对于重力摆锤式测斜仪,利用重力摆锤始终保持铅直方向的特性,当测斜仪倾斜时,摆锤在重力作用下保持铅直,压迫簧片发生弯曲,通过粘贴在簧片上的电阻应变片输出电信号,从而测出倾角。测斜仪通常安装在测斜管内,测斜管埋设在需要监测的结构物或地层中,测斜管内设有导槽,用于引导测斜仪探头的移动方向。探头沿导槽逐段测量,记录每个位置的倾斜角度,通过对比当前测量数据与初始数据,可以计算出测斜管的位移变化,进而确定被测对象的变形情况。这种基于重力作用的测量方式不仅能够提供高精度的倾斜角度测量,还具有非接触式测量、高可靠性和强环境适应性等优点,使其在工程监测和地质灾害预警中得到广泛应用。

在现场使用时,通常要对被测结构物逐段(标准基本长度一般为500mm)进行测量,这就需要在被测结构物上埋设测斜管。测斜管内径上有两组互成90°的导槽,将测斜仪顺导槽放入测斜管内。当被测结构物产生倾斜变形时,测斜仪的传感器会感知到这种变化,并将其转化为电信号输出。通过测量电信号的变化,就可以计算出结构物的倾斜角度和位移量。

(2) 光电测斜仪

光电测斜仪是一种基于光学原理的高精度测量仪器,主要用于测量物体的倾斜角度和位移变化。其核心原理是利用光的传播特性,通过测量光线在特定路径中的传播速度或光程差来确定物体的倾斜角度。具体来说,光电测斜仪通常利用萨格奈克(Sagnac)效应,即当光束在一个环形通道中传播时,如果环形通道本身具有一个转动速度(角速度),那么光线沿着通道转动方向前进所需的时间会比逆着通道转动方向前进所需的时间多。这种光程差会导致干涉现象,通过检测干涉条纹的变化,可以精确测量出物体的倾斜角度。

光电测斜仪主要由激光源、光纤、光路调制器、光电探测器和信号处理器等部分组成,如图2-16所示。激光源产生高度聚焦的激光光束,作为测量信号;光纤用于传输光信号;光路调制器用于引入旋转光路,实现姿态角度的测量;光电探测器用于检测光信号的变化;信号处理器则将检测到的光信号转换为电信号,并进行数据处理。

在变电站建(构)筑物结构监测中,测斜仪的选择需综合考虑精度需求与环境特性:对于需监测0.1°级倾斜的变电站设备支架,应优先选用分辨率达0.02mm/500mm、具备双轴测量功能的数字测斜仪;在强电磁干扰区域,则需采用带金属屏蔽层的抗干扰型号,其工作温度范围应覆盖-25～70℃以适配户外环境。安装时需严格遵循规程——预埋测斜管前需用膨润土球分层回填并注水固

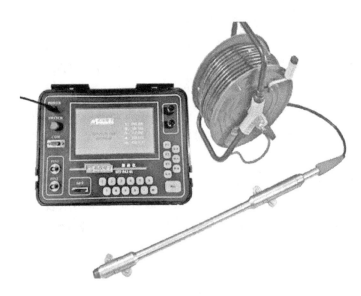

图 2-16 光电测斜仪

化，确保管体与地基耦合紧密，例如某 220kV 变电站扩建工程中，通过在 GIS 设备基础四角预埋测斜管（深度 12m），成功监测到因回填土压实不足导致的 0.3mm/d 不均匀沉降趋势。数据真实性保障需实施三重校验机制：每日首次测量前用标准倾斜台进行零点校准（误差≤±0.01°），采集时采用正反双向测量法消除系统误差，并通过物联网平台对异常数据触发复核指令，如某智能变电站通过该机制将误报率控制在 2% 以下。为减小测量误差，需在设备基础对角线上布设冗余测点（间距≤3m），采用滑动平均算法处理振动干扰数据，并建立温度补偿模型——实测显示环境温度每变化 10℃，补偿后位移误差可降低至 0.05mm。典型应用案例显示，某特高压换流站通过网格化布设 32 组测斜仪（精度±0.02°），配合 BIM 位移场可视化系统，在强风季节提前 48h 预警构支架区 0.8°倾斜风险，避免直接经济损失超千万元。运维实践表明，采用高精度测斜系统可使变电站结构监测综合成本降低 40%，事故平均响应时间缩短至 4h 内。

测斜仪具有高精度、稳定性好、实时监测、自动化程度高、可远程监测等优点，能够及时准确地提供结构物的倾斜信息，为结构健康评估和安全决策提供有力支持。然而，测斜仪也存在一些不足之处。部分测斜仪对安装要求较高，需要专业人员进行安装和校准，以确保测量的准确性；在复杂环境下，如强电磁干扰、高温、高湿度等，可能会影响其测量精度；设备成本相对较高，对于大规模监测项目，可能会增加监测成本。

2.4.3 沉降仪

沉降仪是一种专门用于精确测量物体沉降量的仪器，在建筑工程、地质勘探、水利水电等领域发挥着重要作用。其工作原理基于多种物理原理，常见的沉降仪类型包括振弦式沉降仪、液压式沉降仪、磁致伸缩式沉降仪等，每种类型都有其独特的工作方式和特点。

(1) 振弦式沉降仪

振弦式沉降仪的工作原理基于钢弦的振动特性。它主要由钢弦、激振器、拾振器等部分组成，如图 2-17 所示。

图 2-17 振弦式沉降仪

当被测物体发生沉降时，会带动与物体相连的钢弦发生拉伸或压缩变形，从而改变钢弦的张力。根据胡克定律，钢弦的张力与变形量成正比，而钢弦的振动频率又与张力的平方根成正比。通过激振器使钢弦产生振动，拾振器测量钢弦的振动频率，再根据预先标定的频率与沉降量的关系，就可以计算出物体的沉降量。其计算公式为

$$L = k\Delta F + (b - h\alpha)\Delta T \tag{2-15}$$

式中，L 为沉降计的测量值，mm；k 为沉降计的测量灵敏度，mm/F；ΔF

为沉降计实时测量值相对于基准值的变化量，F；b 为沉降计的温度修正系数，mm/℃；h 为沉降计的测杆长度，mm；α 为测杆的线膨胀系数，$10^{-6}℃^{-1}$；ΔT 为温度实时测量值相对于基准值的变化量，℃。

在变电站建（构）筑物结构的地基沉降监测中，采用了振弦式沉降仪。变电站建（构）筑物结构具有自身独特特点，其往往有较多电气设备基础，这些基础对沉降的敏感性较高，微小的沉降变化都可能影响设备的正常运行和安全。而且变电站的构支架等结构高耸，对地基的稳定性要求极高。振弦式沉降仪通过埋设在地基关键部位，能精准感知地基的微小沉降变化。通过在变电站建（构）筑物的主变基础、构支架基础等关键位置合理布置振弦式沉降仪，可实时获取沉降数据。利用这些数据能及时分析地基的沉降趋势，以便采取相应的加固或调整措施，保障变电站建（构）筑物结构的安全稳定，确保电气设备的可靠运行，为电力系统的持续供电提供坚实基础。

(2) 液压式沉降仪

液压式沉降仪是一种基于流体静力学原理的高精度监测仪器，主要用于长期监测构筑物内外部的沉降变形，如图 2-18 所示。当传感器与储液罐之间的高差发生变化时，传感器感应膜上的液体压力也会相应变化。这种压力变化会使感应膜的全桥硅片发生形变，形变转化为电信号，经电缆传输至采集装置，从而测出观测点的沉降变化量。储液罐通过通液管与传感器相连，确保传感器所受的压力

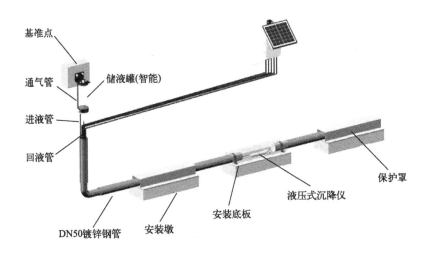

图 2-18 液压式沉降仪组件

与储液罐液面高度相关。同时，气管将传感器内腔与储液罐上方空间连通，使系统内部气压达到自平衡，确保传感器不受大气压变化的影响。

液压式沉降仪以其高精度和高分辨率著称，能够提供毫米级甚至亚毫米级的测量精度，满足工程监测的严格要求。其内置的温度和气压补偿功能确保了在复杂环境下的测量稳定性，而智能识别与自动化测量能力则进一步提升了数据采集的效率和准确性。全不锈钢密封结构和耐久性设计使其能够在恶劣环境下长期稳定运行，同时，其小巧的尺寸和灵活的安装方式为现场布设提供了极大的便利。此外，液压式沉降仪支持实时数据传输，并可无缝对接云平台和移动设备，便于远程监控和数据管理，这些综合技术优势使其成为工程监测和安全预警领域不可或缺的工具。在某水利工程的大坝沉降监测中，使用了液压式沉降仪。在大坝的不同位置布置了多个沉降仪，通过连通管将它们连接起来。在大坝蓄水过程中，通过监测各测点的液面高度变化，及时发现了大坝某些部位的沉降异常情况，为大坝的安全运行提供了重要保障。

（3）磁致伸缩式沉降仪

磁致伸缩式沉降仪是一种基于磁致伸缩效应的高精度沉降监测设备，其工作原理和应用范围在现代工程监测中具有重要意义。该仪器利用磁致伸缩效应来测量沉降，主要由波导丝、磁环、传感器等部件组成。当磁环随着被测物体的沉降而移动时，会在波导丝中产生一个与磁环位置相关的应力脉冲。这个应力脉冲以超声波的形式在波导丝中传播，传感器接收到信号后，通过测量信号的传播时间，计算出磁环的位移，进而得到物体的沉降量。

磁致伸缩式沉降仪具有多项显著的技术优势。其测量精度高，分辨率可达 0.01mm，能够满足高精度监测的需求。此外，该仪器采用非接触式测量方式，避免了机械磨损，具有较长的使用寿命和高可靠性。其输出信号为 RS485 数字量，支持自动化测量和远程监控，能够与云平台和移动设备无缝对接，便于实时数据传输和远程监控。在实际应用中，磁致伸缩式沉降仪已被广泛应用于多种工程领域。例如，在某高层建筑的沉降监测中，通过在建筑物的基础和主体结构上安装多个沉降仪，实时监测磁环的位移，准确掌握了建筑物在不同施工阶段和使用过程中的沉降情况。这种监测方式为建筑物的结构安全评估提供了可靠的数据支持，确保了工程的安全性和稳定性。

在变电站基础沉降监测中，沉降仪能够实时监测基础的沉降情况，为评估变电站的稳定性和安全性提供关键数据。通过在变电站基础的关键部位安装沉降仪，如基础的四角、中心等位置，可以全面监测基础的沉降分布情况。在某变电站的运行过程中，沉降仪监测到基础的一角出现了明显的沉降，通过进一步分析沉降数据，发现沉降速率逐渐增大。运维人员及时对变电站进行了检查，发现是由于基础下的地基土受到地下水渗漏的影响，导致地基土的承载力下降，从而引起了基础沉降。及时采取了封堵地下水渗漏、加固地基等措施，有效控制了基础沉降的进一步发展，确保了变电站的安全稳定运行。

沉降仪的监测效果受到多种因素的影响。传感器的精度和稳定性是影响监测效果的关键因素之一。高精度的传感器能够提供更准确的沉降测量数据，而稳定性好的传感器则能够保证在长期监测过程中测量结果的可靠性。在选择沉降仪时，应优先选择精度高、稳定性好的产品。环境因素如温度、湿度、地下水等也会对沉降仪的监测效果产生影响。温度变化可能导致沉降仪的材料膨胀或收缩，从而影响测量精度；湿度变化可能会影响传感器的电气性能，导致测量误差；地下水的变化可能会改变地基土的力学性质，进而影响基础的沉降情况。在监测过程中，应采取相应的措施，如对沉降仪进行温度补偿、防水防潮处理等，以减少环境因素对监测效果的影响。安装和维护的质量也会影响沉降仪的监测效果。正确的安装方法能够确保沉降仪准确地测量基础的沉降，而定期的维护和校准则能够保证沉降仪的性能始终处于良好状态。在安装沉降仪时，应严格按照安装说明书进行操作，确保沉降仪安装牢固、位置准确；在使用过程中，应定期对沉降仪进行检查和维护，及时发现并解决问题，确保监测数据的准确性和可靠性。

2.5 压力测量仪器

压力测量仪器是用于测量各种压力的设备，其工作原理基于多种物理效应。常见的压力测量仪器包括应变片式压力传感器、压阻式压力传感器、电容式压力传感器、压电式压力传感器等。

(1) 应变片式压力传感器

应变片式压力传感器是一种基于应变效应的压力测量工具，其核心原理是利用应变片的电阻变化来检测压力。当外部压力作用于传感器的弹性体时，弹性体发生形变，附着在其上的应变片随之弯曲，导致应变片的电阻值发生变化。这种电阻变化通过电桥电路转换为电信号输出，从而实现对压力的精确测量。具体来说，应变片式压力传感器主要由弹性体、应变片和电桥电路组成，如图 2-19 所示。弹性体是传感器的受力部件,通常为金属材质,能够将压力转换为机械形变。应变片则是一种对外应变敏感的金属材料,当弹性体发生形变时,应变片的电阻值会随之改变。通过电桥电路,可以将这种电阻变化转换为电压信号,进而计算出压力值。

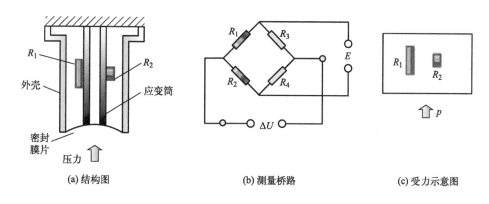

图 2-19　应变片式压力传感器原理

应变片式压力传感器以其高精度和高灵敏度著称,能够实现微应变级别的精确测量,误差通常小于 1%,同时具备快速响应能力,可实时捕捉压力变化。其测量范围宽广,从微小压力到极高压力均能覆盖,适应多种应用场景。传感器还具备温度补偿功能,通过线路补偿或应变片自补偿,有效减少温度变化对测量精度的影响。此外,应变片式压力传感器提供多种材料选择,包括金属箔、金属丝和导电塑料等,能够满足不同环境需求。它还具有成本效益高、性价比突出的特点,同时能在高温、低温、高真空、高压力、振动、磁场和化学腐蚀等严酷环境中稳定工作,展现出极强的适应性。这些综合技术优势使其在工业监测和控制领域中备受青睐。在某变电站的高压管道压力监测中,采用了应变片式压力传感器。通过将传感器安装在管道外壁,实时监测管道内的压力变化。在一次设备检修后,通过传感器监测到管道压力异常升高,经过检查发现是由于阀门故障导致的,及时进行了维修,避免了管道破裂的风险。

(2) 压阻式压力传感器

压阻式压力传感器是一种基于压阻效应的压力测量工具,其核心原理是半导体材料(如单晶硅)的电阻率随机械应力的变化而变化。这种传感器通常由敏感元件、封装、信号调理电路和接口等组成,如图 2-20 所示。

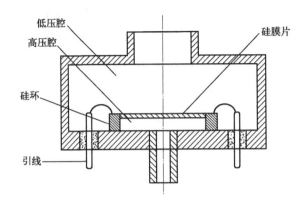

图 2-20 压阻式压力传感器

具体工作原理如下：当传感器受到压力作用时，敏感元件（通常是单晶硅片）内部的晶格结构发生变形，导致载流子（电子或空穴）的迁移率和浓度发生变化，从而改变材料的电阻率。压力的增加会导致电阻增加，反之亦然，这种变化与压力成正比，因此可以用于测量压力。

在实际应用中，压阻式压力传感器通常将敏感元件安装在弹性材料的基座上。基座的弹性特性使得传感器能够对压力变化做出敏感反应。当压力施加到传感器上时，敏感元件的形状会发生改变，从而导致电阻的变化。这个电阻的变化通过电路转化为电信号，并通过适当的仪器进行分析。

(3) 电容式压力传感器

电容式压力传感器通过检测电容的变化来测量压力。如图 2-21 所示，在电容式压力传感器中，一个电极是固定的，另一个电极是可移动的。当施加压力时，可移动电极会向固定电极移动，从而改变两个电极之间的距离 d。由于电容量与距离成反比，这种距离的变化会导致电容量的变化。通过测量电容量的变化，就可以确定施加的压力。

电容式压力传感器可分为单电容式和差动电容式两种。单电容式压力传感器由圆形薄膜与固定电极构成，薄膜在压力作用下变形，从而改变电容器的容量。差动电容式压力传感器则通过两个电容的变化来测量压力，这种方式可以提高测量精度和稳定性。

电容式压力传感器凭借其独特的技术优势，在多个领域得到了广泛应用。其高精度、高灵敏度、良好的线性特性、低功耗、非接触测量、温度稳定性好以及

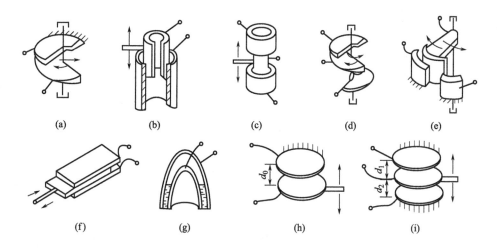

图 2-21 电容式压力传感器的常见结构示意

动态响应快等特点，使其能够满足各种复杂工况下的压力监测需求。在应用范围方面，电容式压力传感器广泛应用于工业过程控制、医疗设备、环境监测、汽车电子、航空航天以及科研实验等领域。此外，电容式压力传感器还适用于汽车电子中的轮胎压力监测系统（TPMS）、航空航天中的飞行控制系统，以及环境监测中的气象站和水文监测站。

（4）压电式压力传感器

压电式压力传感器基于压电效应工作，即当压电材料受到机械应力时，其内部电偶极矩发生变化，从而在其表面产生电荷。具体而言，当压力作用于压电材料上时，压电材料的两个相对表面会产生等量的异号电荷，形成电势差。这些电荷或电势差经过电路放大和处理后，转换为可测量的电压或电流信号输出。

压电式压力传感器由多个关键部件组成，主要包括压电元件、弹性膜、电极和外壳。压电元件是传感器的核心，通常采用石英晶体或压电陶瓷，负责将机械应力转换为电荷。弹性膜覆盖在压电元件上方，用于感受压力并将压力转换为力，传递给压电元件。电极附着在压电元件的两个表面，用于收集产生的电荷并传输至外部电路。外壳通常由金属材质制成，起到保护内部组件、防止外界干扰的作用。这种结构设计使得压电式压力传感器能够在各种复杂环境下稳定工作，同时确保高精度和高灵敏度的压力测量。

压电式压力传感器以其高灵敏度、高精度、快速响应、无活动部件、抗干扰能力强、宽工作温度范围以及可承受高温和高压等技术优势，在多个领域得到了广泛应用。其高灵敏度使其能够感知微小的压力变化，并将其转换为电信号，适用于需要高精度测量的场景。快速响应能力使其能够在动态条件下快速捕捉压力变化，适合实时监测。无活动部件的设计提高了其可靠性和稳定性，减少了机械磨损和疲劳的影响。此外，压电式压力传感器的输出信号稳定，不易受外界电磁干扰，适用于各种恶劣环境。其宽工作温度范围和可承受高温高压的特性，使其在工业环境中的高压、高温测量中表现出色。

在变电站建（构）筑物中，压力测量仪器主要用于监测设备内部压力、管道压力及结构相关压力参数。以变压器油枕压力监测为例，压力式油位计通过底部放油管处的高精度压力传感器实时测量油位，其进口压力传感器采用温度补偿技术，可适应建（构）筑物内复杂温度环境，确保油压监测精度达 2.5 级。某建（构）筑物曾因油枕密封垫老化导致漏油，通过压力传感器及时捕捉油压异常，避免了因结构密封失效引发的变压器故障。对于气体绝缘设备，建（构）筑物内 SF_6 气体密度的在线监测系统通过温度补偿算法将实测压力换算为 20℃ 标准值 (p_{20})，配合 RS485 通信接口实现远程监控，在金属封闭结构中有效解决了人工巡检困难的问题。

在管道压力监测方面，建（构）筑物内管道系统需采用压阻式或电容式传感器，安装时需考虑结构振动影响。例如供水管道传感器通过螺栓规格转换接头实现可靠固定，配合油水分离技术确保在密闭空间中的长期稳定性。某建（构）筑物曾通过分布式压力监测网络，在管道压力异常升高时准确定位结构转角处的堵塞点，避免了因压力积聚导致的建筑附属管道破裂。

压力测量精度受建（构）筑物环境特性显著影响。传感器须具备三重防护能力：①采用 316L 不锈钢外壳抵御建筑内腐蚀性气体；②内置电磁屏蔽层应对配电室强电磁干扰，光纤传感器在此环境下表现优异；③通过温度应变片自动补偿技术，消除建筑因昼夜温差导致的零点漂移（典型值＜0.1%FS/℃）。安装时需遵循建筑结构规范：GIS 设备室传感器安装扭矩需控制在 2.5～3.5N·m，变压器室传感器布线应避开建筑伸缩缝，电缆通道需预留 1.5 倍管径的检修空间。日常维护需结合建筑特点，如 SF_6 设备室采用无线校验仪避免破坏气密结构，油枕传感器校准需配合建筑消防系统同步实施。

2.6 水位仪器

水位仪器是用于测量水位高度的设备，在水利、水文、地质等领域有着广泛的应用。在变电站中,水位仪器主要用于监测地下水位、积水水位等,以确保变电站的安全运行。常见的水位仪器包括浮子式水位计、压力式水位计、超声波水位计、雷达水位计等。

(1) 浮子式水位计

如图 2-22 所示,浮子式水位计作为水文监测领域的经典仪器,其工作原理基于阿基米德原理与机械传动原理。

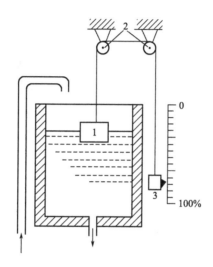

图 2-22 浮子式水位计示意
1—浮子;2—滑轮;3—平衡锤

当水位变化时,浮子在测井内随水位升降产生浮力变化,通过悬索带动水位轮旋转,将直线位移转换为旋转运动,再经磁光编码器或格雷码编码器转化为高精度数字信号输出,测量精度可达±0.2%(量程>10m 时)。其核心结构包括浮子、悬索、平衡锤、水位轮和编码器等部分:浮子作为感应单元漂浮于水面,悬索绕过水位轮并与平衡锤联动以保持张力恒定,编码器则通过磁光或机械方式将旋转角度转化为 12bit 数字信号,实现 0~80m 量程范围内 1cm 分辨率的水位监测。相较于其他技术,浮子式水位计具有显著技术优势:无须外部电源驱动,依靠水位自然升降作为动力源;采用机械编码原理,消除温漂和时漂影响,长期稳定性优异;可适配有线遥测系统,实时数显水位数据且具备抗雷击特性。在某变电站的地下水位监测中,该设备被安装于专门建造的水位观测井内,通过 32cm

周长的水位轮和 φ15cm 浮子组件，精准捕捉雨季地下水位波动。监测数据显示，单日水位变化量达 1.2m 时，设备仍能保持±2cm 的测量精度，为防汛决策提供了可靠依据。目前该技术已扩展应用于水利工程（大坝安全监测）、农业灌溉（渠道水量调控）及城市排水系统（内涝预警）等领域，尤其在含沙量高、腐蚀性强的恶劣环境中展现独特适应性。

(2) 压力式水位计

压力式水位计是基于液体静力学原理设计的高精度水位监测设备，其通过测量水体对压力传感器产生的压强值反算出水位高度，如下所示。

$$P = \rho g h \tag{2-16}$$

式中，P 为液体压强；ρ 为液体密度；g 为重力加速度；h 为水深。

如图 2-23 所示，该技术采用隔离型扩散硅敏感元件或陶瓷电容传感器为核心组件，可将压力信号转化为 4～20mA 电流或 RS485 数字信号输出，响应时间≤1ms，测量精度可达±0.05%FS，量程覆盖 0～80m 范围。

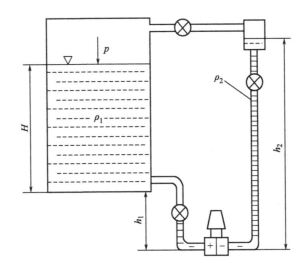

图 2-23 压力式水位计原理示意

在技术优势方面，压力式水位计具有三重核心突破：其一，采用全量程数字化线性校正技术和全温区温度补偿算法，即使在－35～55℃极端环境下仍能保持±0.03%/A 的长期稳定性；其二，独特的微型隔膜气泵配合二级空气过滤系统，有效避免泥沙堵塞问题，适用于含沙量高达 95%（相对）的复杂水域；其三,316L 不锈钢外壳与聚氨酯导气电缆构成 IP68 防护体系,兼具耐腐蚀、抗水锤冲击特性,在海洋监测等强腐蚀场景中寿命可达 3 年以上。

压力式水位计的应用领域已从传统水利工程拓展至智慧城市体系。在市政领域,其 0.1mm 分辨率特性可精准监控污水处理厂曝气池液位;在能源基建方面,配合边缘计算模块可实现变电站积水深度秒级预警,如 2025 年 2 月 14 日某 110kV 变电站通过实时压力传感数据,成功在积水超警戒值前 30min 启动自动排水系统;更在长距离输水工程中展现独特价值,南水北调天津干线通过部署量程 25m 的数字化压力水位计,在每小时 5～10m 水位剧变条件下仍能保持数据稳定。值得关注的是,新一代产品通过集成雨量、水质等多参数传感器,已形成水文监测矩阵,为海绵城市建设提供多维数据支撑。该设备的安装革新显著降低部署成本,气泡式压力计通过岸上仪器与水下吹气管的分离设计,规避了传统水下传感器维护难题,特别适合暗渠、管廊等封闭空间。随着国家标准 GB/T 11828.2—2022 的深化实施,压力式水位计正向着模块化、智能化方向演进,其"无水井监测"特性为高原、极地等特殊环境的水文研究开辟了新路径。

(3) 超声波水位计

超声波水位计是一种基于超声波在空气中的传播特性而设计的先进水位测量设备。它巧妙地利用超声波在空气中的传播速度以及反射原理来精确测量水位,如图 2-24 所示。

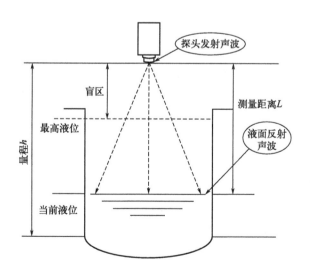

图 2-24 超声波水位计工作原理

当超声波水位计工作时，它会向水面发射高频超声波信号。这些超声波信号在遇到水面后会立即反射回来，并被传感器精准地接收。通过精确计算超声波的传播时间以及已知的传播速度，系统能够快速且准确地推导出水位的高度。超声波水位计具有诸多显著的技术优势。首先，它的测量精度极高，能够在复杂环境下保持稳定的测量结果，误差范围极小。其次，其响应速度非常快，能够在短时间内完成水位的测量和数据更新，确保监测数据的时效性。此外，超声波水位计采用非接触式测量方式，避免了传统接触式测量可能带来的设备磨损和误差积累问题。这种非接触式测量方式不仅延长了设备的使用寿命，还减少了维护成本，提高了系统的可靠性。

在某变电站的水库水位监测项目中，超声波水位计被成功应用并发挥了重要作用。技术人员将超声波水位计牢固地安装在水库岸边的合适位置。通过持续发射和接收超声波信号，该设备能够实时监测水库水位的动态变化，为变电站的水资源调度提供了可靠的数据支持。超声波水位计的应用范围非常广泛。除了在变电站水库水位监测中的表现出色外，它还被广泛应用于河流、湖泊、水渠等水体的水位监测。在水利工程中，超声波水位计能够为洪水预警、水资源调配、灌溉系统管理等提供关键数据支持。在城市排水系统中，它可用于监测雨水井水位，帮助城市管理者及时发现积水风险，优化排水策略。此外，在工业领域，超声波水位计也被用于监测储水罐、废水池等容器的液位，确保生产过程的安全和高效运行。

(4) 雷达水位计

雷达水位计是一种基于雷达波反射原理的先进水位测量设备。它通过天线发射高频电磁波信号，当这些信号遇到水面时会被反射回来，雷达水位计的传感器接收反射信号后，根据电磁波的传播时间和速度计算出水位的高度，如图 2-25 所示。

雷达水位计的测量原理使其具备了诸多显著的技术优势。在某大型变电站的河流水位监测中，雷达水位计被安装在河流岸边的高处。通过发射和接收雷达波，它能够实时监测河流的水位变化。雷达水位计的测量范围非常广，通常可以从几米到几十米甚至上百米，这使得它特别适合大型水库、河流等开阔水域的水位监测。此外，雷达水位计的测量精度极高，通常能够达到毫米级别，能够准确记录微小的水位变化。

雷达水位计还具备强大的抗干扰能力，能够在强电磁干扰、气候变化、风浪等复杂环境下保持稳定测量。其非接触式测量方式使其不受水面漂浮物、杂质或

图 2-25 雷达水位计工作原理

波动的影响，同时减少了设备磨损和维护需求。雷达水位计还具有良好的环境适应性，能够在极低温、强风、雾霾或强雨等恶劣条件下稳定运行。

雷达水位计的应用范围非常广泛。在水利工程中，它可用于监测水库、大坝、河流、湖泊等水体的水位变化，为水利工程的安全运行提供数据支持。在防洪抗旱工作中，雷达水位计能够实时监测洪水水位，为防洪决策提供准确的数据依据。它还适用于农业灌溉、城市排水系统、潮汐与海洋监测、船舶与港口监控等领域。例如，在城市排水系统中，雷达水位计可以实时监控排水管道的水位变化，提前预警城市内涝。

在变电站水位监测中，正确的测试方法和安装维护至关重要。在安装水位仪器时，应根据水位的变化范围和测量要求，选择合适的安装位置和安装方式。安装位置应避免受到水流、风浪、杂物等因素的影响，确保水位仪器能够准确地测量水位。在维护方面，应定期对水位仪器进行检查和校准，确保其测量精度和可靠性。及时清理水位仪器周围的杂物，防止杂物对水位测量造成干扰。还应定期对水位仪器的传感器、电路等部件进行检查和维护，确保其正常工作。在数据采集和处理方面，应采用合适的数据采集设备和软件，实时采集水位数据，并对数据进行分析和处理。通过对水位数据的分析，及时发现水位的异常变化，采取相应的措施，确保变电站的安全运行。

2.7 温度测量仪器

温度测量仪器在变电站设备运行监测中起着关键作用，能够实时监测设备的温度变化，为设备的安全稳定运行提供重要保障。其工作原理基于物质的某些物理性质随温度变化而改变的特性，常见的温度测量仪器有热电偶、热电阻、热敏电阻、红外测温仪等。

（1）热电偶

热电偶是一种基于塞贝克效应工作的温度传感器，其工作原理是通过两种不同导体或半导体材料 A 和 B 组成闭合回路，在两端存在温差时产生热电势 e_t，如图 2-26 所示。这种现象被称为塞贝克效应，其热电势大小与两种导体的材料性质以及两接点的温度差成正比，而与导体的几何形状无关。热电偶的测量端（工作端）直接接触被测物体，而参考端（冷端）通常置于环境温度稳定的地方，通过测量热电势的变化，可以实时监测被测物体的温度。

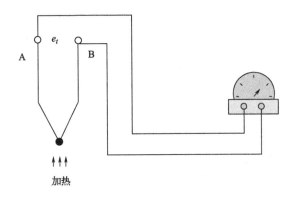

图 2-26 热电偶工作原理

热电偶具有多种技术优势，使其成为工业和科研领域中不可或缺的温度测量工具。首先，热电偶具有宽广的测温范围，从 -269～2800℃ 不等，能够适应极端环境条件。其次，热电偶结构简单、坚固耐用，能够承受机械冲击和振动，适合高温、高压以及恶劣环境下的温度测量。此外，热电偶的响应速度快，能够实时反映温度变化,这对于需要快速响应的工业过程控制尤为重要。热电偶还具有良好的动态性能和稳定性,能够远传 4～20mA 的电信号,便于实现自动化和集中控制。

热电偶的应用范围极为广泛,涵盖了工业生产、航空航天、汽车发动机、反应釜等多个领域。例如,在某变电站的变压器绕组温度监测中,热电偶被广泛应用于实时监测绕组温度。通过将热电偶的测量端插入变压器绕组内部,并将参考端置于环境温度稳定的地方,运维人员能够实时获取绕组的温度数据。在一次变压器过载运行时,热电偶及时监测到绕组温度异常升高,为运维人员采取降温措施提供了准确的信息,从而避免了绕组因过热而损坏。这种高效、可靠的温度监测能力,充分体现了热电偶在现代工业中的重要价值。

(2) 热电阻

热电阻主要利用金属导体或半导体的电阻值随温度变化的性质,通过测量电阻值的变化来推算出温度值,如图 2-27 所示。当热电阻受热时,其内部原子晶格的振动加剧,对自由电子的阻碍增大,宏观上表现为电阻率变大,电阻值增加,且电阻值与温度的变化趋势通常呈正相关,即温度升高,电阻值也升高,这被称为正温度系数,比如铂电阻、铜电阻等金属热电阻都具有这样的特性。

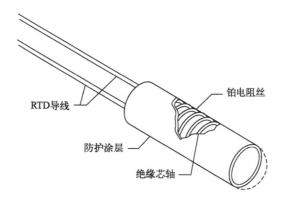

图 2-27 热电阻

铂电阻因其化学稳定性好、热电特性变化范围广、稳定性高等特点,成为最常用的热电阻材料之一。在实际应用中,铂电阻温度传感器通常由铂电阻、引出线和保护套管组成。铂电阻通常采用双线并绕法绕制在某种形状的云母、石英或陶瓷塑料支架上,支架起支撑和绝缘作用。在高温环境下,铂电阻易受还原性介质污染，使铂丝变脆并改变电阻与温度之间的线性关系，因此使用时应装在保护套管中。

铂电阻温度传感器的测量范围非常广泛，通常为 $-200\sim850℃$，甚至在某些情况下可达到 $1000℃$。当温度 $<0℃$ 时，电阻值与温度之间的关系可以表示为

$$R_t = R_0[1 + At + Bt^2 + C(t-100℃)t^3] \tag{2-17}$$

式中，R_t 为温度 $t℃$ 时的电阻值；R_0 为 $0℃$ 时的电阻值；A、B、C 为系数，可取 $A=3.9083\times10^{-3}℃^{-1}$，$B=-5.775\times10^{-3}℃^{-2}$，$C=-4.183\times10^{-3}℃^{-1}$。

当温度 $\geqslant0℃$ 时，电阻值与温度之间的关系可以表示为

$$R_t = R_0(1 + At + Bt^2) \tag{2-18}$$

电阻值与温度之间的关系使得铂电阻在温度测量中具有很高的精度和可靠性。在工业应用中，铂电阻温度传感器不仅用于高温测量，还广泛应用于标准温度计和计量校准中。例如，Pt100 和 Pt1000 是两种常见的铂电阻类型，$0℃$ 时其电阻分别为 100Ω 和 1000Ω。这些标准温度计被制成各种形状和尺寸，以适应不同的测量需求。

在变电站的高压开关柜温度监测中，铂电阻温度传感器的应用尤为重要。开关柜内部的母线连接处和触头处是温度监测的重点部位。这些部位的温度变化直接影响到开关柜的安全运行。当温度超过正常范围时，系统会自动发出警报，提醒运维人员及时检查和处理问题，从而避免因温度过高导致的设备故障或火灾事故。在某变电站的高压开关柜温度监测中，使用了铂电阻温度传感器。将铂电阻安装在开关柜的关键部位，如母线连接处、触头处等，通过测量铂电阻的电阻值变化，实时监测这些部位的温度。当发现温度超出正常范围时，系统会及时发出警报，通知运维人员进行检查和处理，确保了开关柜的安全运行。

(3) 热敏电阻

热敏电阻是一种对温度极为敏感的半导体电阻元件，其电阻值会随着温度的变化而发生显著的改变。根据温度系数的不同，热敏电阻主要分为正温度系数（PTC）热敏电阻和负温度系数（NTC）热敏电阻两大类。PTC 热敏电阻的电阻值随着温度的升高而增大，而 NTC 热敏电阻的电阻值则随着温度的升高而减小。这种独特的特性使得热敏电阻在温度监测和控制领域具有广泛的应用前景。

热敏电阻具有诸多显著的技术优势。首先，其灵敏度极高，能够快速响应温度变化，即使在微小的温度波动下也能迅速检测到电阻值的变化，从而实现精准的温度监测。其次，热敏电阻的体积小巧，便于安装在各种狭小空间和复杂结构

的设备中，不会对设备的正常运行产生任何干扰。此外，热敏电阻的响应速度快，能够在短时间内提供实时的温度数据，满足快速温度监测的需求。而且，热敏电阻的制造成本相对较低，性价比高，适合大规模应用。

热敏电阻的应用范围极为广泛。在电子设备领域，它被广泛用于温度监测和过热保护，如电脑主板、电源模块、通信基站设备等，能够有效防止设备因过热而损坏。在家电领域，热敏电阻常用于冰箱、空调、热水器等设备的温度控制，确保设备在设定的温度范围内运行，提高能效和使用寿命。在汽车工业中，热敏电阻可用于发动机冷却液温度监测、电池管理系统中的温度监控等，保障汽车的安全运行。在医疗设备领域，热敏电阻可应用于体温计、血液分析仪等设备中，实现精准的温度测量和控制。此外，热敏电阻还广泛应用于工业自动化、航空航天、气象监测等多个领域，为各种与温度相关的应用场景提供可靠的解决方案。

在某变电站的电子设备温度监测系统中，采用了 NTC 热敏电阻。技术人员将 NTC 热敏电阻精准地安装在电子设备的散热片上，通过测量电阻值的变化来实时监测电子设备的温度。当温度过高时，系统会自动启动散热风扇进行降温，从而有效保护电子设备的正常运行，确保设备在安全的温度范围内稳定工作。

（4）红外测温仪

红外测温仪是一种利用物体发射的红外线来测量温度的仪器。一切物体都在不停地发射红外线，其发射的红外线强度与物体的温度密切相关。红外测温仪通过接收物体发射的红外线，经过光学系统聚焦、调制，再由探测器将红外线信号转换为电信号，经过信号处理和放大，最终显示出物体的温度，如图 2-28 所示。这种非接触式的测量方式不仅提高了测量的便捷性和安全性，还大大提升了测量的精度和效率。

红外测温仪具有多种技术优势。首先，它能够实现快速、精确的温度测量。红外测温仪的测量时间通常小于 1s，误差小于 ±0.2℃，适合需要快速响应的场合。其次，红外测温仪具有非接触式测量的特点，避免了传统接触式测温方法可能带来的污染和损坏。此外，红外测温仪的测量范围广泛，可以测量从低温到高温的各种物体表面温度，甚至可以测量难以接近或危险的物体。这些特点使得红外测温仪在工业生产、电力设备维护、食品安全检测、建筑物体测温等领域得到了广泛应用。

在实际应用中，红外测温仪的使用场景非常广泛。例如，在变电站的户外设备温度监测中，运维人员可以通过红外测温仪对变压器、绝缘子、避雷器等设备进行非接触式测温，快速检测设备的温度分布情况，及时发现设备的过热隐患。

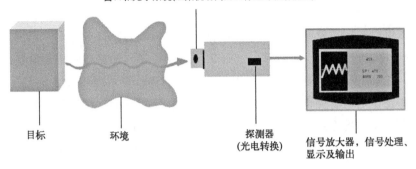

图 2-28 红外测温仪工作原理

在一次巡检中,运维人员使用红外测温仪发现一台变压器的套管温度异常升高,经过进一步检查,发现是由于套管内部的接触不良导致的,及时进行了处理,避免了设备故障的发生。这种高效的故障诊断和预防措施显著提高了变电站的安全运行水平。

红外测温仪的应用范围还在不断扩展。除了在工业生产和电力设备维护中的广泛应用外,红外测温仪还在医疗、农业、电子与电气、动物与植物等多个领域发挥着重要作用。例如,在医疗领域,红外测温仪可以用于体温监测和疾病诊断;在农业领域,它可以用于监测作物生长环境的温度变化;在电子与电气领域,它可以用于检测电路板和元器件的温度分布情况。这些应用不仅提高了各行业的生产效率和安全性,还为科学研究和技术创新提供了重要的技术支持。

红外测温仪凭借其快速、精确、非接触式的特点,在多个领域中发挥着重要作用。无论是工业生产、电力设备维护,还是医疗、农业等其他领域,红外测温仪都为各行业的高效运行和安全保障提供了有力支持。随着技术的不断进步和应用领域的不断拓展,红外测温仪将在未来发挥更加重要的作用。在变电站中,不同类型的温度测量仪器适用于不同的监测场景。热电偶适用于高温测量,且具有响应速度快、测量范围广等优点,常用于变压器绕组、铁芯等高温部位的温度监测;热电阻精度高、稳定性好,适用于对温度测量精度要求较高的场合,如高压开关柜、电子设备等的温度监测;热敏电阻灵敏度高、响应速度快,适用于对温度变化较为敏感的设备,如电子元件、电池等的温度监测;红外测温仪具有非接触式测量、测量速度快、操作方便等优点,适合户外设备、难以接触的设备以及大面积温度分布监测等场景。

温度测量仪器的测量精度受多种因素影响，其中传感器的精度和稳定性是决定测量精度的关键因素之一。高精度、高稳定性的传感器能够提供更准确的测量结果。在选择温度测量仪器时，应优先选择性能优良的传感器。例如，不同类型的传感器（如热电偶、热电阻、红外等）对温度响应特性、稳定性及线性度有直接影响。精密的制造工艺可以降低内部噪声，提高长期稳定性，从而提升精度。此外，传感器的制造质量和技术水平也会影响其精度，质量不佳的传感器可能存在较大误差。

环境因素如电磁干扰、湿度、灰尘等也会对测量精度产生影响。在变电站这样的复杂电磁环境中，电磁干扰可能会影响传感器的信号传输，导致测量误差；湿度和灰尘可能会影响传感器的性能，降低测量精度。例如，湿度较高的环境可能导致传感器内部短路或漏电，影响电阻值和电压输出。电磁干扰会使传感器输出的电信号出现噪声，影响测量结果的准确性。因此，在使用温度测量仪器时，应采取有效的屏蔽、防护措施，减少环境因素对测量精度的影响。

校准和维护也会影响测量精度。定期对温度测量仪器进行校准，能够确保其测量准确性；及时进行维护，更换老化、损坏的部件，能够保证仪器的正常运行，提高测量精度。例如，长期未校准或校准不准确会导致测量结果偏差。此外，电源电压的稳定性也会影响传感器的精度，电源波动或不稳定会导致信号波动或不准确。因此，在使用温度测量仪器时，应确保电源稳定，并定期检查和维护设备。

温度测量仪器的测量精度不仅取决于传感器本身的性能，还受到环境条件、安装位置、供电稳定性等多种因素的影响。为了确保测量结果的准确性和可靠性，选择高质量的传感器、采取适当的环境控制措施以及定期进行校准和维护是非常重要的。

2.8 振动传感器及采集设备

振动传感器是一种精密的测量工具，专门用于精确地捕捉和量化物体的振动特性，包括振动速度、频率、加速度等关键参数。这类传感器在众多领域中扮演着至关重要的角色，如工业生产过程中的设备状态监测、建筑结构的安全性评估、航空航天器的健康监测等。振动传感器之所以能够实现如此精确的测量，是因为它们依赖一系列物理效应，这些效应能够将机械振动转换为电信号，从而便于分析和处理。目前市场上常见的振动传感器类型多样，包括但不限于压电式、电容式、电感式、电涡流式以及电阻应变式等。

压电式振动传感器是一种利用压电材料特有的压电效应来精确测量振动的高科技设备。当压电材料受到外部振动作用时，其内部的电荷分布会发生变化，从而产生与振动强度和频率密切相关的电荷。通过精密的电荷检测技术，传感器能够将这些电荷变化转换为可测量的电信号，进而实现对振动的精确监测。在电力行业的某变电站中，这种压电式振动传感器被广泛应用于大型变压器的振动监测。变压器作为电力传输和转换的核心设备，其内部结构的稳定性直接关系到整个电力系统的安全运行。当变压器内部发生故障，例如绕组出现松动或铁芯振动异常时，压电式振动传感器能够迅速捕捉到这些微妙的振动变化，并将它们转化为电信号输出。通过对这些电信号进行深入分析，运维人员可以及时识别出变压器的潜在故障，采取必要的维修措施，从而有效避免设备故障的进一步扩大，保障电力系统的稳定运行。此外，压电式振动传感器的高灵敏度和快速响应特性，使其在故障预警和状态监测方面具有显著优势，为电力设备的预防性维护提供了有力支持。随着技术的不断进步，压电式振动传感器在电力、交通、建筑、航空航天等多个领域的应用将越来越广泛，为各行各业的设备安全运行和故障预防提供坚实的技术保障。

电容式振动传感器是一种精密的测量装置，它通过监测电容的变化来精确地捕捉振动现象。这种传感器的工作原理基于电容的基本特性，即当振动导致电容极板间的距离、面积或介电常数发生变化时，电容值也会随之发生相应的改变。通过精确测量这些电容的变化，传感器能够准确地确定振动的参数，包括振动的幅度、频率和加速度等。在电力行业的某变电站中，电容式振动传感器被应用于高压开关设备的振动监测。高压开关设备是电力系统中的关键组件，其正常运行对于保障电力系统的稳定性和安全性至关重要。通过实时监测开关设备在分合闸过程中的振动情况，电容式振动传感器能够及时发现开关设备的机械故障，例如触头接触不良、操作机构卡滞等问题。这些故障如果不及时处理，可能会导致电力中断或设备损坏，进而影响整个电力系统的运行效率和可靠性。因此，电容式振动传感器的应用为设备的安全运行提供了重要的保障。通过对振动数据的分析，运维人员可以提前识别出潜在的故障风险，采取预防性维护措施，从而避免故障的发生，延长设备的使用寿命。此外，电容式振动传感器的非接触式测量方式使其具有较高的可靠性和耐用性，能够在恶劣的工业环境中稳定工作。随着技术的不断发展，电容式振动传感器在电力、交通、制造、航空航天等多个领域的应用将越来越广泛，为各行各业的设备安全运行和故障预防提供强有力的技术支持。

电感式振动传感器是一种基于电磁感应原理设计的精密测量设备，它专门用于检测和分析振动现象。这种传感器的工作原理是：当振动导致线圈的电感发生变化时，传感器能够敏感地捕捉到这些变化，并通过精确测量电感的变化来确定振动的参数。电感式振动传感器在工业应用中具有广泛的用途，尤其是在需要监测设备稳定性和安全性的场合。在某变电站的设备支架振动监测项目中，电感式振动传感器发挥了重要作用。设备支架作为支撑和固定电力设备的关键结构，其稳定性直接关系到整个变电站的安全运行。在实际运行过程中，设备支架可能会受到多种外力的作用，如风力、设备自身的振动、温度变化引起的热膨胀等。这些外力可能导致支架出现松动、变形等问题，从而影响设备的稳定性和可靠性。通过在设备支架上安装电感式振动传感器，可以实时监测支架的振动情况。当支架受到外力作用时，传感器能够迅速检测到振动的变化，并通过分析电感的变化来评估振动的幅度和频率。这样，运维人员可以及时发现支架的潜在问题，如松动、变形等，从而采取相应的维护措施，确保设备的稳定性和安全性。电感式振动传感器的应用不仅局限于变电站的设备支架监测，它还可以广泛应用于桥梁、建筑、机械、航空航天等多个领域。在这些领域中，电感式振动传感器都能够提供精确的振动监测数据，帮助工程师和技术人员及时发现与解决结构问题，从而保障设备和结构的安全运行。随着技术的不断进步，电感式振动传感器的性能也在不断提升，其测量精度、响应速度和环境适应性都有了显著的提高。这使得电感式振动传感器在各种复杂和恶劣的工业环境中都能够稳定工作，为设备的稳定运行和故障预防提供了有力的技术支持。未来，随着智能化和自动化技术的发展，电感式振动传感器在工业监测和维护中的作用将越来越重要，它将成为保障工业设备安全运行的重要工具。电涡流式振动传感器利用电涡流效应，当传感器的端部与被测物体之间的距离发生变化时，会在被测物体表面产生电涡流，通过检测电涡流的变化来测量物体的振动参数。在某变电站的母线振动监测中，使用了电涡流式振动传感器。通过实时监测母线的振动情况，能够及时发现母线的松动、位移等问题，避免因母线故障导致的停电事故。

电阻应变式振动传感器是一种利用电阻变化来量化被测物体机械振动量的精密测量工具。这种传感器的工作原理基于电阻应变片的变形特性：当物体发生振动导致电阻应变片产生形变时，其电阻值会随之发生相应的变化。通过精确测量这些电阻值的变化，传感器能够准确地捕捉和分析振动的幅度、频率等关键参数。电阻应变式振动传感器因其高灵敏度和高分辨率的特点，在各种工业和科研领域中得到了广泛应用。在某变电站的小型设备振动监测项目中，电阻应变式振动传感器发挥了重要作用。小型设备虽然体积小，但其振动情况同样关系到整个变电站的安全运行。这些设备在运行过程中可能会受到各种因素的影响，如机械冲击、电磁干扰、温度变化等，这些都可能导致设备出现振动。如果不及时监测和处理，这些振动可能会逐渐累积，最终引发设备故障，影响变电站的正常运行。通过在小型设备上安装电阻应变式振动传感器，可以实时监测设备的振动情况。该传感器能够准确测量设备的振动参数，为设备的维护和保养提供科学的数据支持。通过对振动数据的分析，运维人员可以及时发现设备的异常振动，判断设备是否存在潜在的故障风险，从而采取相应的维护措施，避免设备故障的发生，延长设备的使用寿命。电阻应变式振动传感器的应用范围非常广泛，除了用于变电站的小型设备振动监测外，它还可以应用于桥梁、建筑、机械、航空航天等多个领域。在这些领域中，电阻应变式振动传感器都能够提供精确的振动监测数据，帮助工程师和技术人员及时发现和解决结构问题，从而保障设备和结构的安全运行。随着技术的不断进步，电阻应变式振动传感器的性能也在不断提升，其测量精度、响应速度和环境适应性都有了显著的提高。这使得电阻应变式振动传感器在各种复杂和恶劣的工业环境中都能够稳定工作，为设备的稳定运行和故障预防提供了有力的技术支持。未来，随着智能化和自动化技术的发展，电阻应变式振动传感器在工业监测和维护中的作用将越来越重要，它将成为保障工业设备安全运行的重要工具。

振动采集设备负责将振动传感器采集到的信号进行放大、滤波、数字化等处理，并传输到数据处理中心。常见的振动采集设备有数据采集卡、采集器等。数据采集卡通常安装在计算机内部，通过与振动传感器连接，将模拟信号转换为数字信号，并传输给计算机进行处理。采集器则是一种独立的设备，能够同时采集多个振动传感器的数据，并进行初步处理和存储，然后通过有线或无线方式将数据传输到上位机。在某变电站的振动监测系统中，采用了高性能的数据采集卡和采集器。数据采集卡能够快速准确地采集振动传感器的信号，并将其转换为数字信号传输给计算机。采集器则负责对多个振动传感器的数据进行集中采集和管理，通过无线传输方式将数据实时传输到监测中心的服务器上。监测人员可以通过服务器实时查看变电站内各个设备的振动情况，及时发现异常并进行处理。

振动传感器及采集设备在变电站结构健康监测中具有重要应用。通过对变电站设备的振动监测，能够及时发现设备的故障隐患，如轴承磨损、齿轮损坏、电机故障等，为设备的维护和维修提供依据。在某变电站的运行过程中，振动传感器监测到一台主变压器的振动异常，通过进一步分析振动数据，发现是由于变压器内部的一个轴承磨损导致的。运维人员及时对变压器进行了维修，更换了磨损的轴承，避免了变压器故障的发生，保障了变电站的安全稳定运行。振动监测还可以用于评估变电站结构的稳定性，如建筑物的基础、设备支架等在振动作用下的响应情况，为结构的加固和改造提供了数据支持。

第 3 章

数据获取与传输技术

3.1 概述

变电站作为电力系统的关键节点,其建(构)筑物的安全运行对于保障电力供应的稳定性和可靠性至关重要。在现代变电站的运行管理中,建(构)筑物监测系统发挥着不可或缺的作用,而数据获取与传输则是这个系统的核心环节。

变电站建(构)筑物监测系统主要由数据采集层、数据传输层、数据处理与分析层以及应用管理层组成,各层相互协作,共同实现对变电站建(构)筑物的全面监测和管理。

在数据采集层,分布着各类传感器,它们如同变电站的"触角",实时感知建(构)筑物的运行状态和环境参数。这些传感器包括用于监测建(构)筑物结构健康状态的振动传感器、应变传感器、沉降传感器等,以及用于监测环境参数的温湿度传感器、气体浓度传感器等。例如,振动传感器能够检测建(构)筑物在运行过程中由于设备振动或外部因素引起的结构振动,通过对振动信号的分析,可以判断建(构)筑物的结构稳定性,及时发现潜在的结构安全隐患;沉降传感器则用于监测建(构)筑物基础的沉降情况,当沉降超过设定阈值时,及时发出预警信号,防止因基础不均匀沉降而导致的结构损坏。

数据传输层是连接数据采集层和数据处理与分析层的桥梁,负责将采集到的数据可靠、快速地传输到数据处理中心。它包括有线传输和无线传输两种方式。有线传输主要采用光纤、电缆等介质,具有传输速率高、稳定性好等优点,能够满足大量数据的高速传输需求。在智能变电站中,光纤被广泛应用于数据传输,其高带宽特性使得建(构)筑物监测数据能够快速、准确地传输到监控中心。无线传输则利用 ZigBee、LoRa、Wi-Fi 等无线通信技术,具有部署灵活、成本低等优势,适用于一些难以布线的场景,如在变电站建(构)筑物或偏远区域,无线传输技术可以方便地实现传感器数据的采集和传输。

数据处理与分析层是变电站建(构)筑物监测系统的核心,它对传输过来的数据进行存储、处理和分析。通过运用大数据分析、人工智能等技术,对数据进行深度挖掘,提取有价值的信息,从而实现对建(构)筑物状态的评估、故障诊断和预测等功能。例如,利用机器学习算法对建(构)筑物的振动、应变、沉降等历史数据进行分析,建立建(构)筑物的健康状态评估模型,通过实时监测数据与模型进行对比,能够判断建(构)筑物的运行状态是否正常,提前预测可能出现的结构问题。

应用管理层则为用户提供了一个直观、便捷的操作界面，用户可以通过该界面实时查看变电站建（构）筑物的运行状态、接收报警信息、进行设备控制等操作。同时，应用管理层还可以与电力调度系统、设备管理系统等其他相关系统进行集成，实现数据共享和业务协同，为电力系统的整体运行和管理提供支持。

变电站建（构）筑物监测系统具有实时性、可靠性、准确性和智能化等功能特点，这些特点对于保障变电站建（构）筑物的安全运行具有重要意义。实时性确保了能够及时获取变电站建（构）筑物的运行状态信息，对建（构）筑物的异常情况做出快速响应；可靠性保证了系统在各种复杂环境下的稳定运行，避免因系统故障而导致监测数据的丢失或错误；准确性则要求系统采集和处理的数据能够真实反映建（构）筑物的实际运行状态，为建（构）筑物的维护和管理提供可靠依据；智能化功能使得系统能够自动分析数据、诊断故障，并提供相应的决策建议，提高了变电站建（构）筑物的运维效率和管理水平。

在实际应用中，变电站建（构）筑物监测系统发挥着至关重要的作用。

① 能够实时反映变电站建（构）筑物的运行状态。以变电站的主控楼为例，主控楼作为变电站的核心建（构）筑物之一，其运行状态的监测至关重要。通过安装在主控楼上的各类传感器，如沉降传感器、倾斜传感器、温湿度传感器等，可以获取主控楼的基础沉降、结构倾斜、室内环境温湿度等关键数据。这些数据能够准确地反映主控楼的运行状况，例如通过基础沉降的监测数据可以及时发现主控楼是否存在不均匀沉降的问题，通过结构倾斜的监测数据可以判断主控楼是否因地质变化或外力作用而发生倾斜，利用温湿度的监测数据则可以评估主控楼内部的环境条件是否适宜设备运行。通过对这些数据的准确获取，运维人员可以及时了解主控楼的运行状态，为后续的分析和决策提供可靠依据。及时的数据传输则确保了建（构）筑物状态信息能够迅速传达给相关人员和系统。在变电站中，数据传输的及时性对于建（构）筑物异常情况的快速响应和处理至关重要。当传感器采集到建（构）筑物的异常数据后，这些数据需要通过可靠的数据传输通道，如光纤、无线通信等，及时传输到监控中心或相关的分析系统中。如果数据传输出现延迟或中断，可能会导致建（构）筑物异常信息无法及时被发现和处理，从而使异常情况进一步扩大，影响变电站的安全稳定运行。例如，在某变电站的一次实际运行中，由于通信线路故障导致主控楼的沉降监测数据无法及时传输到监控中心，当运维人员发现主控楼异常时，主控楼已经出现了较为严重的不均匀沉降，导致部分设备的损坏和电力系统的短暂中断，给电力系统的正常运行和用户的用电带来极大的影响。

② 能够有效预防建（构）筑物损坏的发生。通过对建（构）筑物运行数据

的实时监测和分析，可以及时发现建（构）筑物的潜在安全隐患，并采取相应的措施进行处理，从而避免建（构）筑物损坏的发生。例如，通过对主控楼基础沉降、结构倾斜等数据的长期监测和分析，可以建立主控楼的结构健康模型，当实际监测数据超出模型的正常范围时，系统可以及时发出预警信号，提醒运维人员进行检查和处理。运维人员可以根据预警信息，对主控楼的基础、结构等进行检查和加固，从而避免主控楼因结构问题而发生损坏。此外，对建（构）筑物的环境参数进行监测和分析，可以提前发现环境条件对建（构）筑物的影响，及时采取措施，改善环境条件，防止因环境因素导致的建（构）筑物损坏。数据获取与传输还对变电站建（构）筑物的故障诊断和修复起着关键作用。当建（构）筑物出现损坏时，准确、及时的数据能够帮助运维人员快速定位损坏原因和损坏部位，从而采取有效的修复措施。例如，在某变电站的一次建（构）筑物损坏事件中，通过对损坏前后建（构）筑物的沉降、倾斜、应力等数据的分析，结合建（构）筑物的结构设计信息，运维人员迅速判断出损坏是由于地质变化引起的主控楼基础不均匀沉降。根据这些信息，运维人员及时对主控楼基础进行了加固和修复，使变电站能够尽快恢复正常运行。

③ 是保障变电站建（构）筑物安全稳定运行的关键因素。在智能变电站的建设和发展中，应不断优化数据获取与传输技术，提高数据的准确性和及时性，为变电站建（构）筑物的安全稳定运行提供坚实的保障。

3.2 数据采集技术

3.2.1 数据采集策略

(1) 高精度采样与多源异构数据融合

在智能变电站和建筑物监测领域，高精度采样是获取准确数据的基础，多源异构数据融合则是挖掘数据潜在价值、提升监测系统智能化水平的关键技术。

高精度采样对于智能变电站和建筑物监测具有至关重要的意义。在智能变电站中，电气设备的运行参数如电流、电压、功率等，其微小的变化都可能反映出设备的运行状态变化。例如，变压器的负载电流波动可能暗示着电网负荷的变化或变压器自身的故障隐患。通过高精度采样，能够捕捉到这些细微的变化，为设备状态评估和故障诊断提供准确的数据支持。在建筑物监测中，对于结构健康参数如振动、应变等的高精度采样，可以及时发现建筑物结构的微小损伤，提前采取措施进行修复，保障建筑物的安全。

实现高精度采样的技术手段多种多样。在硬件方面，选用高精度的传感器是关键。例如，在智能变电站的电流监测中，采用基于罗氏线圈原理的高精度电流传感器，其测量精度可达到 0.1‰ 甚至更高，能够准确地测量电流的大小和变化。同时，优化传感器的信号调理电路，减少信号传输过程中的噪声干扰和信号衰减，提高传感器输出信号的质量。在软件方面，采用先进的采样算法和数据处理技术。例如，过采样技术通过提高采样频率，对采样数据进行多次平均处理，从而提高数据的分辨率和精度。抗混叠滤波技术则在采样前对信号进行滤波处理，防止高频噪声混叠到采样信号中，影响采样精度。

在智能变电站和建筑物监测中，多源异构数据融合是指将来自不同类型传感器、不同格式和不同采样频率的数据进行整合和分析，以获取更全面、准确的信息。例如，在智能变电站中，将电气设备状态传感器采集的局部放电数据、温度数据与环境参数传感器采集的温湿度数据、气体浓度数据进行融合分析，可以更准确地判断设备的运行状态。当局部放电数据异常时，结合环境温湿度数据，可以判断是否是由于环境因素导致设备绝缘性能下降，从而产生局部放电现象。在建筑物监测中，将结构健康传感器采集的振动、应变数据与环境参数传感器采集的温湿度数据进行融合，可以更全面地评估建筑物的结构安全。当建筑物出现振动异常时，结合温湿度数据，可以判断是否是由于温度变化引起建筑物材料的热胀冷缩，从而导致结构应力变化，产生振动异常。

多源异构数据融合的方法主要包括数据层融合、特征层融合和决策层融合。数据层融合是直接对原始数据进行融合处理，例如将来自不同传感器的原始数据按照时间顺序进行拼接，然后进行统一的分析处理。这种方法的优点是保留了原始数据的完整性，能够充分利用数据的细节信息，但计算量较大，对数据传输和存储的要求也较高。特征层融合是先从原始数据中提取特征，然后将这些特征进行融合。例如，从振动传感器数据中提取振动频率、幅值等特征，从应变传感器数据中提取应变大小、变化趋势等特征，然后将这些特征进行融合分析。这种方法减少了数据量，降低了计算复杂度，但在特征提取过程中可能会丢失一些信息。决策层融合是各个传感器独立进行数据分析和决策，然后将这些决策结果进行融合。例如，电气设备状态传感器判断设备是否存在故障，环境参数传感器判断环境是否异常，然后将这两个判断结果进行融合，综合判断变电站的运行状态。这种方法对通信带宽要求较低，可靠性较高，但可能会因为各个传感器决策的局限性而影响最终的融合效果。

多源异构数据融合的意义在于提高监测系统的准确性和可靠性。通过融合不同类型传感器的数据，可以从多个角度获取监测对象的信息，避免了单一传感器数据的局限性。同时，数据融合还能够增强监测系统的抗干扰能力，当某个传感器出现故障或受到干扰时，其他传感器的数据仍然可以为监测系统提供支持，保证监测系统的正常运行。此外，多源异构数据融合还能够挖掘数据之间的潜在关系，为监测系统的智能化分析和决策提供更丰富的信息，例如通过对大量监测数据的融合分析，可以建立设备运行状态的预测模型，提前预测设备故障，实现设备的预防性维护。

(2) 抗干扰设计

在智能变电站和建筑物监测中，数据采集容易受到各种干扰的影响，导致数据的准确性和稳定性下降。因此，抗干扰设计是数据采集过程中不可或缺的重要环节。通过采取电磁兼容和温度补偿等抗干扰措施，可以有效提高数据采集的质量，保障监测系统的可靠运行。智能变电站和建筑物内部存在着复杂的电磁环境，各种电气设备、通信线路等都会产生电磁干扰，对传感器数据采集造成严重影响。

为了提高传感器的抗电磁干扰能力，可采取多种措施。在硬件设计方面，采用屏蔽技术，对传感器和信号传输线路进行屏蔽，减少外界电磁场的干扰；合理布局传感器和电路元件，避免信号传输线路与干扰源靠近，减少电磁耦合。在软件方面，采用数字滤波算法对采集到的数据进行处理，去除电磁干扰引起的噪声。

温度变化是影响传感器性能的重要因素之一，尤其是在智能变电站和建筑物监测等环境条件复杂的应用场景中。温度的变化会导致传感器的灵敏度、零点漂移等参数发生改变，从而影响数据采集的准确性。例如，在智能变电站中，变压器油温的变化会影响温度传感器的测量精度；在建筑物中，室内外温度的变化会影响温湿度传感器、应变传感器等的性能。

针对温度对传感器性能的影响，可采用硬件和软件相结合的温度补偿方法。在硬件方面，可以选择温度系数小的传感器材料和元器件，降低温度对传感器性能的影响。例如，在选择电阻应变片时，选用温度系数低的材料，减少温度变化对应变测量的影响。采用温度补偿电路，对传感器输出信号进行补偿。例如，对于热敏电阻式温度传感器，可采用电桥补偿电路，通过调整电桥的电阻值，补偿温度变化对传感器输出的影响。在软件方面，建立温度补偿模型，根据温度变化对传感器测量数据进行修正。例如，通过实验获取传感器在不同温度下的性能参数，建立温度与传感器输出之间的数学模型，在数据采集过程中，根据实时测量的温度，利用该模型对传感器数据进行补偿，提高数据的准确性。

3.2.2 边缘计算与预处理技术

(1) 数据滤波与异常值检测

在智能变电站和建筑物监测中，数据采集过程往往会受到各种噪声和干扰的影响，导致采集到的数据存在噪声和异常值。这些噪声和异常值会严重影响数据的质量和后续分析的准确性，因此需要采用数据滤波和异常值检测方法对采集到的数据进行预处理，去除噪声和错误数据，提高数据的可靠性和可用性。

常用的数据滤波算法包括均值滤波、中值滤波、卡尔曼滤波等。均值滤波是一种简单的线性滤波算法，它通过计算数据窗口内数据的平均值来代替窗口中心的数据值。例如，对于一个包含 N 个数据点的窗口，均值滤波的计算公式为

$$\hat{x}_k = \frac{1}{N}\sum_{i=1}^{N} x_i \tag{3-1}$$

式中，$\hat{x}_k$ 为滤波后的数据值；x_i 为窗口内的第 i 个数据点。

均值滤波能够有效地去除数据中的随机噪声，使数据更加平滑，但对于脉冲噪声的抑制效果较差。在智能变电站的电流监测中，当电流数据受到随机噪声干扰时，采用均值滤波可以使电流曲线更加平滑，便于观察电流的变化趋势。

中值滤波是一种非线性滤波算法，它将数据窗口内的数据按照大小进行排序，然后取中间值作为滤波后的数据值。中值滤波能够有效地去除数据中的脉冲噪声，因为脉冲噪声通常表现为数据的突然跳变，而中值滤波可以将这些异常值过滤掉。例如，对于数据序列 [1，5，3，100，2]，经过排序后为 [1，2，3，5，100]，中值为 3，因此滤波后的数据值为 3。在变电站建（构）筑物监测中，当振动传感器采集到的数据受到脉冲噪声干扰时，采用中值滤波可以有效地去除噪声，准确地反映建筑物的振动情况。

卡尔曼滤波是一种基于线性系统状态空间模型的最优滤波算法，它能够在噪声环境下对系统的状态进行最优估计。卡尔曼滤波通过预测和更新两个步骤来实现对数据的滤波。在预测步骤中，根据系统的状态转移方程和噪声模型，预测下一时刻的系统状态；在更新步骤中，根据新的测量数据和预测状态，对预测状态进行修正，得到最优估计值。卡尔曼滤波在智能变电站和建筑物监测中具有广泛的应用，例如在变压器油温监测中，由于油温受到环境温度、负载变化等多种因素的影响，存在一定的噪声和不确定性，采用卡尔曼滤波可以对油温进行准确的

估计和预测，及时发现油温异常变化，保障变压器的安全运行。

异常值检测方法主要包括基于统计的方法、基于距离的方法和基于机器学习的方法等。基于统计的方法假设数据服从某种分布，通过计算数据的统计特征，如均值、标准差等，来判断数据是否为异常值。例如，常用的 3σ 准则。在 3σ 准则中，假设进行了 n 次观测，得到的第 i 次观测值为 $U_i(i=1,2,3\cdots)$，连续三次观测的数值分为 U_{i-1}、U_i 和 U_{i+1}，第 i 次观测值的跳动特征定义为

$$d_i = |2U_i - (U_{i-1} + U_{i+1})| \tag{3-2}$$

跳动特征的算术平均值为

$$\overline{d} = \frac{\sum_{i=2}^{n-1} d_i}{(n-2)} \tag{3-3}$$

跳动特征的均方差为

$$\sigma = \sqrt{\sum_{i=2}^{n-1} \frac{(d_i - \overline{d})^2}{n-3}} \tag{3-4}$$

相对值为

$$q_i = \frac{|d_i - \overline{d}|}{\sigma} \tag{3-5}$$

如果 $q_i > 3$，则认为该值为异常值，可以舍去。一般采用插值方法得到它的替代值，即当数据值与均值的偏差超过 3 倍标准差时，认为该数据为异常值。在智能变电站的电压监测中，根据历史电压数据计算出均值和标准差，当实时监测的电压值超出 3σ 范围时，判断该电压值为异常值，可能表示电网存在故障或异常情况。

基于距离的方法通过计算数据点之间的距离来判断数据是否为异常值。如果一个数据点与其他数据点的距离较远，超过了一定的阈值，则认为该数据点为异常值。例如，在变电站建（构）筑物监测中，对于一组结构应变数据，采用基于欧氏距离的方法计算每个数据点与其他数据点的距离，当某个数据点的距离超过设定的阈值时，判定该数据点为异常值，可能暗示建筑物结构出现了异常变形。

基于机器学习的方法则利用机器学习算法对数据进行训练，建立正常数据的模型，然后根据模型判断新的数据是否为异常值。例如，采用支持向量机（SVM）算法对智能变电站的电气设备状态数据进行训练，建立正常运行状态下的模型，当新的数据点与模型的偏差较大时，判断该数据点为异常值，可能表示设备存在故障隐患。基于机器学习的方法能够自动学习数据的特征和规律，对于复杂的数据分布具有较好的异常值检测效果，但需要大量的训练数据和较高的计算资源。

(2) 本地化特征提取与压缩算法

在变电站建（构）筑物监测中，随着传感器数量的增加和监测频率的提高，产生的数据量呈爆炸式增长。为了减少数据传输量和存储压力，提高数据处理效率，需要采用本地化特征提取和压缩算法对采集到的数据进行预处理。

本地化特征提取是指从原始数据中提取能够反映监测对象特征的关键信息，这些特征信息能够在保留数据主要内容的同时，大大减少数据量。在智能变电站中，对于电气设备状态监测数据，常用的特征提取方法包括时域特征提取和频域特征提取。时域特征提取主要提取数据在时间域上的特征，如均值、方差、峰值、有效值等。例如，通过计算变压器电流的有效值，可以反映变压器的负载情况；通过计算局部放电信号的峰值和脉冲宽度，可以判断局部放电的强度和类型。频域特征提取则是将时域数据通过傅里叶变换等方法转换到频域，提取数据在频率域上的特征，如频率成分、功率谱等。例如，对变压器振动信号进行傅里叶变换，分析其频率成分，可以判断变压器内部是否存在松动、铁芯多点接地等故障。

在建筑物监测中，对于结构健康监测数据，常用的特征提取方法包括模态参数提取和损伤指标提取。模态参数提取主要提取建筑物结构的固有频率、阻尼比和振型等模态参数，这些参数能够反映建筑物结构的动力学特性。例如，通过测量建筑物在环境激励下的振动响应，采用模态识别方法提取结构的固有频率和阻尼比，当固有频率发生变化时，可能暗示建筑物结构出现了损伤或刚度变化。损伤指标提取则是根据结构的应变、位移等数据，计算能够反映结构损伤程度的指标，如应变能变化率、柔度矩阵变化等。例如，通过计算建筑物结构在不同工况下的应变能变化率，当应变能变化率超过一定阈值时，判断结构可能出现了损伤。

压缩算法的目的是通过对数据进行编码和变换，减少数据的存储空间和传输带宽。常用的压缩算法包括无损压缩算法和有损压缩算法。无损压缩算法能够在不丢失数据信息的前提下，对数据进行压缩，解压后的数据与原始数据完全相同。常见的无损压缩算法有哈夫曼编码、Lempel-Ziv-Welch（LZW）编码等。哈夫曼编码是一种基于统计的编码方法，它根据数据中不同字符出现的频率，为每个字符分配不同长度的编码，频率越高的字符编码越短，从而实现数据的压缩。在智能变电站中，对于一些重要的监测数据，如设备故障报警信息、关键运行参数等，采用无损压缩算法可以在保证数据完整性的前提下，减少数据的存储和传输量。

有损压缩算法则是在一定程度上牺牲数据的精度,换取更高的压缩比。有损压缩算法适用于对数据精度要求不是特别高的场景,如一些图像、音频数据的压缩。在建筑物监测中,对于一些结构健康监测图像数据,采用有损压缩算法(如JPEG 算法)进行压缩,可以大大减少图像数据的存储空间和传输时间,同时对图像的主要特征和信息影响较小,不影响对建筑物结构状态的判断。例如,将一幅原始大小为 10MB 的建筑物结构监测图像采用 JPEG 有损压缩算法压缩后,文件大小可以减小到 1MB 左右,而图像的视觉效果和关键结构特征仍然能够清晰显示。

3.3 数据传输技术

3.3.1 通信网络架构

在变电站建(构)筑物监测领域中,高效可靠的数据传输是实现实时监测和智能管理的关键。通信网络架构作为数据传输的基础支撑,其设计的合理性和先进性直接影响着数据传输的质量和效率。采用分层式网络设计和有线与无线混合组网技术,能够满足不同场景下的数据传输需求,提高系统的灵活性、可靠性和可扩展性。

(1) 分层式网络设计

分层式网络设计是一种将网络功能划分为多个层次的架构模式,通过各层次之间的协同工作,实现数据的高效传输和处理。在智能变电站和建筑物监测中,通常采用感知层、传输层、平台层的三层架构,每层都有其独特的功能和作用。

感知层是整个网络架构的基础,主要负责数据的采集和初步处理。在智能变电站中,感知层部署了大量的传感器,如电气设备状态传感器(局部放电传感器、温度传感器等)、环境参数传感器(温湿度传感器、气体浓度传感器等),这些传感器实时采集设备运行状态和环境参数数据,并将其转换为电信号或数字信号。在建筑物监测中,感知层同样部署了各类传感器,如结构健康传感器(振动传感器、应变传感器等)、环境参数传感器(温湿度传感器、空气质量传感器等),用于采集建筑物的结构健康状况和室内外环境参数。感知层还包括一些边缘计算设备,它们对传感器采集到的数据进行初步处理,如数据滤波、异常值检测、本地化特征提取等,减少数据传输量,提高数据传输的效率和质量。

传输层是连接感知层和平台层的桥梁，负责将感知层采集到的数据可靠、快速地传输到平台层。传输层采用了多种通信技术，包括有线通信和无线通信。有线通信主要采用光纤、电缆等介质，具有传输速率高、稳定性好、抗干扰能力强等优点，适合长距离、大数据量的传输。在智能变电站中，光纤被广泛应用于传输层，用于连接各个设备和监测点，实现数据的高速传输。无线通信则利用 ZigBee、LoRa、Wi-Fi 等无线通信技术，具有部署灵活、成本低、可扩展性强等优点，适用于一些难以布线的场景或对实时性要求不高的数据传输。在建筑物监测中，ZigBee 和 LoRa 等无线通信技术常用于传输层，实现传感器节点与汇聚节点之间数据传输。传输层还负责数据的路由和转发，通过合理的路由算法，将数据准确地传输到目标节点，同时确保数据传输的可靠性和实时性。

平台层是整个网络架构的核心，主要负责数据的存储、分析和应用。在智能变电站中，平台层建立了数据中心和监控平台，数据中心采用分布式存储技术，对大量的监测数据进行存储和管理，为数据分析和决策提供数据支持。监控平台则为运维人员提供了一个直观、便捷的操作界面，通过实时监控画面，运维人员可以实时查看变电站内设备的运行状态、环境参数以及各类报警信息，及时发现设备故障和异常情况，并采取相应的措施进行处理。在建筑物监测中，平台层同样建立了数据中心和监测平台，数据中心存储建筑物的历史监测数据和实时监测数据，监测平台则为建筑物管理人员提供建筑物的结构健康状况、室内环境参数等信息，帮助管理人员进行建筑物的维护和管理。平台层还利用大数据分析、人工智能等技术，对监测数据进行深度挖掘和分析，实现设备故障预测、建筑物结构健康评估、室内环境优化等功能，为智能变电站和建筑物的智能化管理提供决策支持。

分层式网络设计具有诸多优势。首先，它提高了系统的可扩展性。当需要增加新的监测设备或功能时，只需在相应的层次进行扩展，而不会影响其他层次的正常运行。例如，在智能变电站中，如果需要增加新的电气设备状态监测功能，只需在感知层增加相应的传感器，并在平台层进行相应的软件升级，即可实现新功能的添加。其次，分层式网络设计增强了系统的可靠性。各层次之间相互独立，当某一层次出现故障时，不会影响其他层次的正常工作，从而提高了整个系统的可靠性。例如，在传输层，如果某条光纤线路出现故障，数据可以通过其他备用线路进行传输，确保数据传输的连续性。此外，分层式网络设计还便于系统的维护和管理。各层次的功能明确，故障排查和修复更加容易，降低了系统的维护成本。例如，当感知层的某个传感器出现故障时，运维人员可以快速定位到故障传感器，并进行更换或维修。

（2）有线与无线混合组网

在智能变电站和建筑物监测中，由于监测环境和数据传输需求的多样性，单一的有线或无线通信技术往往难以满足实际应用的要求。因此，采用有线与无线混合组网技术，结合有线通信和无线通信的优势，能够实现更加高效、可靠的数据传输。

光纤作为一种高速、稳定的有线通信介质，在智能变电站和建筑物监测中具有重要的应用。光纤通信利用光信号在光纤中传输数据，具有传输速率快、带宽大、抗电磁干扰能力强、传输距离远等优点。在智能变电站中，光纤常用于连接变电站内的各个设备和监测点，构建高速数据传输网络。例如，在智能变电站的过程层和间隔层之间，通常采用光纤进行数据传输，以满足实时性要求较高的设备状态监测和控制信号传输需求。在建筑物监测中，对于一些对数据传输速率和稳定性要求较高的场景，如大型建筑物的核心区域或关键设备的监测，也可以采用光纤进行数据传输。

ZigBee 是一种低功耗、低速率的无线通信技术，工作在 2.4GHz 频段，具有自组网、节点容量大、成本低等优点。在智能变电站和建筑物监测中，ZigBee 常用于构建传感器网络，实现对环境参数、设备状态等数据的采集和传输。例如，在智能变电站的环境监测中，可以部署 ZigBee 温湿度传感器、气体浓度传感器等，这些传感器通过 ZigBee 网络将采集到的数据传输到汇聚节点，再由汇聚节点通过其他通信方式将数据传输到监控中心。在建筑物监测中，ZigBee 可用于智能家居系统中的设备互联，如智能灯泡、智能插座、智能门锁等设备之间的通信，实现对建筑物内设备的智能控制和监测。

LoRa 是一种长距离、低功耗的无线通信技术，工作频段包括 433MHz、868MHz、915MHz 等，具有传输距离远、穿透能力强、功耗低等优点。在智能变电站和建筑物监测中，LoRa 适用于一些监测范围广、数据传输量较小的场景。例如，在智能变电站的远程监测中，对于位于偏远地区或距离变电站较远的监测点，可以采用 LoRa 技术将监测数据传输到变电站内的接收设备。在建筑物监测中，对于一些大型建筑物或建筑群的监测，LoRa 可以实现对建筑物周边环境参数、建筑物结构健康状况等数据的远程采集和传输。

在实际应用中，有线与无线混合组网的方式多种多样。一种常见的方式是在传输层采用光纤作为骨干网络，实现数据的高速、稳定传输，而在感知层则采用 ZigBee、LoRa 等无线通信技术，实现传感器节点与汇聚节点之间的短距离、低功耗通信。例如，在智能变电站中，将光纤铺设到各个设备间隔和监测区域，作为数据传输的主干道,而在每个设备间隔内或监测点附近,部署 ZigBee 或 LoRa 传感器节点,这些节点采集设备状态数据和环境参数数据,并通过无线方式传输到附近的汇聚节点,汇聚节点再通过光纤将数据传输到监控中心。这种混合组网方式既利用了光纤的高速传输优势,又发挥了无线通信的灵活性和低成本优势,能够满足智能变电站对数据传输的高要求。

另一种混合组网方式是根据不同的监测场景和数据传输需求,灵活选择有线和无线通信技术。例如,在建筑物监测中,对于建筑物内部的监测,由于信号传播环境较为复杂,干扰源较多,可以采用 ZigBee 等无线通信技术,利用其自组网和抗干扰能力,实现对建筑物内部各个区域的监测数据采集。而对于建筑物之间或建筑物与远程监控中心之间的数据传输,由于距离较远,对数据传输的可靠性和稳定性要求较高,可以采用光纤或 LoRa 等通信技术。在一些对实时性要求较高的监测场景中,如建筑物火灾报警系统,可以采用有线通信技术,确保报警信号能够及时、准确地传输;而对于一些对实时性要求相对较低的监测场景,如建筑物能耗监测,可以采用无线通信技术,降低系统成本和部署难度。

有线与无线混合组网技术在智能变电站和建筑物监测中具有广泛的应用场景。在智能变电站中,除了上述的设备状态监测和环境监测应用外,还可以应用于变电站的巡检系统。通过在巡检机器人或无人机上部署 ZigBee 或 LoRa 通信模块,实现巡检设备与监控中心之间的数据传输,实时将巡检过程中采集到的设备图像、温度等数据传输回监控中心,为运维人员提供设备的实时状态信息。在建筑物监测中,混合组网技术还可以应用于建筑物的安防系统。通过在建筑物的出入口、楼道、停车场等区域部署 ZigBee 或 LoRa 传感器节点,实现对人员和车辆的出入监测、异常行为检测等功能,同时将监测数据通过有线或无线方式传输到监控中心,实现对建筑物的全方位安全监控。

3.3.2 实时传输协议

(1) 时间同步技术

在智能变电站和建筑物监测等对数据实时性要求极高的领域,时间同步技术是确保数据准确性和系统协同工作的关键。PTP/IEEE 1588 作为一种高精度的时间同步协议,在这些领域发挥着重要作用。

PTP/IEEE 1588 即精密时间协议(precision time protocol),它的核心原理是基于主从时钟架构。在一个网络系统中,会指定一个时钟作为主时钟,其他时钟作为从时钟。主时钟会周期性地向从时钟发送同步报文，同步报文包含了主时钟的时间信息。从时钟在接收到同步报文后，会记录下报文的接收时间，并根据主从时钟之间的传输延迟和时间偏差进行计算，从而调整自己的时钟，使其与主时钟保持同步。

以智能变电站为例，在智能变电站中，存在着众多的设备，如保护装置、测控装置、智能电表等，这些设备需要精确的时间同步来确保数据的一致性和准确性。例如，在故障发生时，保护装置需要根据精确的时间记录来判断故障发生的先后顺序和持续时间，以便做出正确的保护动作。测控装置也需要与其他设备保持时间同步，才能准确地采集和传输设备的运行参数。如果各个设备之间的时间不同步，可能会导致数据的错误解读和分析，影响变电站的安全稳定运行。

在建筑物监测中，时间同步同样重要。例如，在进行建筑物结构健康监测时，多个传感器可能分布在建筑物的不同位置，同时采集振动、应变等数据。这些数据需要精确的时间标记，以便后续对建筑物在不同时刻的受力情况和变形状态进行准确分析。如果传感器之间的时间不同步，可能会导致对建筑物结构健康状况的误判，无法及时发现潜在的安全隐患。

PTP/IEEE 1588 协议通过硬件时间戳技术来提高时间同步的精度。硬件时间戳是在网络设备的物理层对报文的收发时间进行标记，这样可以减少软件处理带来的时间延迟和不确定性。例如，在智能变电站的交换机中，采用支持 IEEE 1588 协议的硬件芯片，当同步报文经过交换机时，芯片会在物理层精确地记录下报文的接收和发送时间，然后将这些时间信息传递给从时钟，从时钟利用这些精确的时间信息进行时钟调整，从而实现更高精度的时间同步。

此外，PTP/IEEE 1588 协议还采用了最佳主时钟算法（BMC）来选择最优的主时钟。在一个复杂的网络系统中，可能存在多个时钟源，BMC 算法会根据各个时钟的精度、稳定性、UTC 可追溯性等因素，自动选择最合适的时钟作为主时钟，确保整个系统的时间同步精度和稳定性。例如，在一个包含多个智能变电站的区域电网中，每个变电站都有自己的时钟源，通过 BMC 算法，可以从这些时钟源中选择出最准确、最稳定的时钟作为整个区域电网的主时钟，其他变电站的时钟作为从时钟与之同步，从而实现整个区域电网内设备的精确时间同步。

PTP/IEEE 1588 时间同步技术在智能变电站和建筑物监测中具有重要的应用价值，通过精确的时间同步，能够提高数据的准确性和可靠性，保障系统的安全稳定运行。随着技术的不断发展和完善，PTP/IEEE 1588 协议将在更多领域得到广泛应用，为智能化系统的发展提供有力支持。

(2) 低时延传输算法与 QoS 保障

在智能变电站和建筑物监测中，数据的实时性至关重要，低时延传输算法和保障服务质量（QoS）的措施是确保数据实时传输的关键。低时延传输算法能够有效减少数据传输的延迟，使监测数据能够及时到达接收端，为设备状态评估和决策提供及时的数据支持。QoS 保障措施则通过合理分配网络资源，确保关键数据的优先传输，提高数据传输的可靠性和稳定性。

在智能变电站中，电气设备的运行状态数据需要实时传输，以便运维人员及时掌握设备的运行情况，做出相应的决策。例如，变压器的油温、绕组温度等数据的实时传输，对于判断变压器是否正常运行至关重要。采用低时延传输算法，如优先级调度算法，可以根据数据的重要性和实时性要求，为不同的数据分配不同的优先级。对于变压器油温等关键数据，赋予较高的优先级，使其在传输过程中优先得到处理和转发，从而减少传输延迟。在建筑物监测中，对于建筑物结构健康监测数据，如振动、应变等数据的实时传输，能够及时发现建筑物结构的异常变化，采取相应的措施进行处理。采用基于流量预测的低时延传输算法，通过对历史数据的分析和预测，提前调整数据传输策略，优化数据传输路径，减少数据传输延迟。例如，根据建筑物在不同时间段的振动数据变化规律，预测未来一段时间内的振动数据流量，提前为高流量时段分配更多的网络资源，确保振动数据能够及时传输。

在智能变电站和建筑物监测中，网络资源有限，为了确保关键数据的实时传输，需要采取 QoS 保障措施。流量整形是一种常用的 QoS 保障措施，通过限制数据流量的速率和突发量，避免网络拥塞，保证数据的稳定传输。例如，在智能变电站中，对于视频监控数据等非关键数据，采用流量整形技术，限制其传输速率，为设备状态监测等关键数据腾出更多的网络带宽，确保关键数据的实时传输。在建筑物监测中，采用拥塞控制措施，当网络出现拥塞时，自动调整数据发送速率，避免数据丢失和延迟增加。例如，当建筑物内多个传感器同时向监测中心发送数据，导致网络拥塞时，通过拥塞控制算法，降低部分传感器的数据发送速率，优先保障关键传感器数据的传输，如建筑物沉降监测传感器的数据传输，确保能够及时掌握建筑物的沉降情况。

除了上述措施外，还可以通过网络切片技术来实现 QoS 保障。网络切片是将物理网络划分为多个虚拟网络，每个虚拟网络根据不同的业务需求，具有独立的网络资源和配置，能够为不同的业务提供定制化的服务质量保障。在智能变电站中，可以将设备状态监测业务、视频监控业务、远程控制业务等划分到不同的网络切片中，为设备状态监测业务分配高带宽、低延迟的网络资源，确保设备状态数据的实时传输；为视频监控业务分配相对较低的带宽和延迟要求，满足视频监控数据的传输需求；为远程控制业务分配高可靠性的网络资源，确保控制指令的准确传输。在建筑物监测中，也可以根据不同的监测业务需求，如结构健康监测、环境参数监测等，划分不同的网络切片，为结构健康监测业务提供高精度、低延迟的网络保障，及时发现建筑物结构的安全隐患；为环境参数监测业务提供相对较低的网络资源，满足环境参数数据的定期采集和传输需求。

低时延传输算法和 QoS 保障措施是确保智能变电站和建筑物监测数据实时传输的重要手段。通过采用合理的低时延传输算法和有效的 QoS 保障措施，能够提高数据传输的效率和可靠性，为智能变电站和建筑物的安全稳定运行提供有力支持。随着技术的不断发展，未来还将不断涌现新的低时延传输算法和 QoS 保障技术，进一步提升数据传输的性能和质量。

3.3.3 安全传输机制

在智能变电站和建筑物监测中，数据传输的安全性至关重要。一旦数据在传输过程中被窃取、篡改或丢失，可能会导致严重的后果，如电力系统故障、建筑物安全隐患等。因此，采用有效的安全传输机制是保障数据传输安全的关键。安全传输机制主要包括数据加密与完整性校验以及防数据篡改与冗余备份策略，通过这些措施可以确保数据在传输过程中的机密性、完整性和可靠性。

(1) 数据加密与完整性校验

在智能变电站和建筑物监测的数据传输过程中，数据加密与完整性校验是保障数据安全的重要手段。AES（advanced encryption standard）和 SHA-256 （secure hash algorithm 256-bit）等算法在这方面发挥着关键作用。

AES 作为一种高级加密标准，是目前广泛应用的对称加密算法。它采用对称密钥进行加密和解密操作，具有较高的安全性和效率。在智能变电站中，设备状态监测数据、控制指令等敏感信息在传输前可使用 AES 算法进行加密。例如，对于变压器的运行参数数据，通过 AES 加密后，即使数据在传输过程中被窃取，窃取者在没有正确密钥的情况下也无法获取数据的真实内容。AES 支持 128 位、192 位和 256 位三种密钥长度，密钥长度越长，加密强度越高。在实际应用中，可根据数据的敏感程度选择合适的密钥长度。如对于非常敏感的电力调度控制指令数据，可采用 256 位密钥长度的 AES 加密，以确保数据的安全性。

SHA-256 是一种哈希函数，它能够将任意长度的数据转换为固定长度（256位）的哈希值。在数据传输过程中，通过计算数据的 SHA-256 哈希值并随数据一同传输，接收端在接收到数据后重新计算数据的哈希值，并与接收到的哈希值进行比对，从而实现对数据完整性的校验。例如，在建筑物监测中，结构健康监测数据在传输前计算其 SHA-256 哈希值，接收端收到数据后再次计算哈希值，若两个哈希值一致，则说明数据在传输过程中没有被篡改；若不一致，则表明数据可能已被篡改，接收端可拒绝接收该数据，并要求发送端重新发送。SHA-256 具有良好的抗碰撞性，即很难找到两个不同的数据生成相同的哈希值，这使得攻击者难以通过篡改数据并生成相同哈希值的方式来欺骗接收端，从而有效保障了数据的完整性。

将 AES 加密和 SHA-256 完整性校验相结合，能够进一步提高数据传输的安全性。在智能变电站和建筑物监测中，数据先通过 AES 加密进行机密性保护，然后计算加密后数据的 SHA-256 哈希值，将加密数据和哈希值一同传输。接收端先对接收到的加密数据进行解密，然后计算解密后数据的哈希值，并与接收到的哈希值进行比对。只有在哈希值一致且解密成功的情况下，才能确认接收到的数据是完整且未被篡改的。这种方式在保障数据机密性的同时，确保了数据的完整性，为智能变电站和建筑物监测的数据传输安全提供了双重保障。

（2）防数据篡改与冗余备份策略

在智能变电站和建筑物监测的数据传输中，防数据篡改和冗余备份策略是确保数据安全性和可靠性的重要措施。

防止数据篡改是保障数据传输安全的关键环节。一种常见的方法是采用数字签名技术。数字签名基于非对称加密算法，如 RSA（rivest-shamir-adleman）算法。在数据发送端，发送方使用自己的私钥对数据进行签名，生成数字签名。然后将数据和数字签名一同发送给接收端。接收端在接收到数据后，使用发送方的公钥对数字签名进行验证。如果验证通过，则说明数据在传输过程中没有被篡改，且数据确实来自发送方。例如，在智能变电站中，设备的操作指令在发送前，操作人员使用自己的私钥对指令进行数字签名，变电站的控制中心在接收到指令后，使用操作人员的公钥进行验证，只有验证通过的指令才会被执行，从而有效防止了指令被恶意篡改，保障了电力设备操作的安全性和准确性。

冗余备份策略是为了防止数据在传输过程中丢失或损坏，确保数据的可靠性。在智能变电站中，对于重要的监测数据和控制指令，通常采用冗余备份策略。一种常见的冗余备份方式是多路径传输。例如，将数据同时通过多条不同的通信链路进行传输，如同时通过光纤和无线通信链路传输。如果其中一条链路出现故障，数据仍然可以通过其他链路成功传输到接收端。在建筑物监测中，对于建筑物结构健康监测数据，也可以采用多路径传输的冗余备份策略。将数据同时发送到多个数据存储节点，即使某个节点出现故障，其他节点仍然保存数据副本，确保了数据的完整性和可用性。

另一种冗余备份策略是数据备份存储。在智能变电站和建筑物监测中，将采集到的数据实时备份到多个存储设备中，如磁盘阵列、云存储等。例如，在智能变电站的数据中心，将设备运行状态数据、环境参数数据等定期备份到磁盘阵列中，并同时上传到云存储进行异地备份。当主存储设备出现故障或数据丢失时，可以从备份存储设备中恢复数据，确保数据的安全性和可靠性。在建筑物监测中，将建筑物的历史监测数据和实时监测数据备份到本地服务器和远程云存储中，以便在需要时进行数据查询和分析，为建筑物的维护和管理提供数据支持。

防数据篡改和冗余备份策略相互配合，能够有效提高智能变电站和建筑物监测数据传输的安全性和可靠性。通过数字签名等技术防止数据被篡改，确保数据的真实性和完整性；通过多路径传输和数据备份存储等冗余备份策略，防止数据丢失或损坏，确保数据的可用性。这些策略的综合应用，为智能变电站和建筑物的安全稳定运行提供了有力的数据保障。

3.4 数据获取与传输技术在建筑物监测中的应用

建筑物监测系统是保障建筑物安全稳定运行、提升建筑环境舒适度的重要手段。它通过对建筑物的结构健康状况、环境参数等进行实时监测，及时发现潜在的安全隐患和环境问题，为建筑物的维护管理、安全评估以及节能优化提供科学依据。

建筑物监测系统主要由数据采集层、数据传输层、数据处理与分析层以及应用管理层组成。

在数据采集层，部署了各类传感器，这些传感器如同建筑物的"感知器官"，能够实时采集建筑物的各种信息。例如，在建筑物的关键结构部位，如基础、梁柱、楼板等，安装振动传感器、应变传感器、位移传感器等，用于监测建筑物在正常使用和极端荷载作用下的结构响应，及时发现结构的变形、裂缝等损伤迹象。在建筑物的室内外环境中，安装温湿度传感器、空气质量传感器、光照传感器等，用于监测室内外的温湿度、空气质量、光照强度等环境参数，为室内环境的调控和人员的健康提供保障。

数据传输层负责将采集到的数据从传感器传输到数据处理与分析层。它采用多种通信技术，包括有线通信和无线通信。有线通信如以太网、光纤等，具有传输速率快、稳定性好的优点，适用于数据量较大、实时性要求较高的数据传输。例如，在大型建筑物中，将分布在各个楼层的传感器通过以太网连接到中心服务器，实现数据的快速传输。无线通信如 ZigBee、LoRa、Wi-Fi 等，具有部署灵活、成本低的优势，适用于传感器节点分布广泛、布线困难的场景。例如，在古建筑的监测中，由于建筑结构复杂，难以进行大规模布线，采用 ZigBee 无线传感器网络，实现对古建筑结构健康和环境参数的监测。

数据处理与分析层是建筑物监测系统的核心，它对传输过来的数据进行存储、处理和分析。通过运用大数据分析、机器学习、人工智能等技术，对数据进行深度挖掘，提取有价值的信息，从而实现对建筑物结构健康状况的评估、环境参数的优化控制以及故障的预测和诊断。例如，利用机器学习算法对建筑物的振动数据进行分析，建立结构健康评估模型，实时评估建筑物的结构健康状况，当发现结构出现异常时，及时发出预警信号。通过对环境参数数据的分析，优化建筑物的空调、照明等系统的运行策略，实现节能减排和提高室内环境舒适度的目标。

应用管理层为用户提供了一个直观、便捷的操作界面，用户可以通过该界面实时查看建筑物的监测数据、接收报警信息、进行设备控制等操作。同时，应用管理层还可以与建筑物的物业管理系统、能源管理系统等其他相关系统进行集成，实现数据共享和业务协同，提高建筑物的管理效率和智能化水平。例如，将建筑物监测系统与物业管理系统集成，物业管理部门可以根据监测系统提供的信息，及时安排维修人员对建筑物的故障设备进行维修，提高物业管理的效率和质量。

根据监测对象和目的的不同，建筑物监测系统可以分为结构健康监测系统、环境参数监测系统、能耗监测系统等。结构健康监测系统主要用于监测建筑物的结构安全状况，通过对结构的应力、应变、位移、振动等参数的监测，评估结构的健康状态，及时发现结构的损伤和潜在的安全隐患。环境参数监测系统主要用于监测建筑物的室内外环境参数，如温湿度、空气质量、光照强度等，为室内环境的调控和人员的健康提供保障。能耗监测系统主要用于监测建筑物的能源消耗情况，通过对电力、燃气、水等能源的用量进行监测和分析，找出能源消耗的规律和存在的问题，提出节能优化措施，降低建筑物的能源消耗。

在建筑物监测系统中，数据获取与传输起着至关重要的作用。准确、及时的数据获取是监测系统的基础，只有通过各种传感器准确地采集到建筑物的各种信息，才能为后续的数据分析和决策提供可靠的数据支持。高效、可靠的数据传输是连接数据采集和数据处理的桥梁，只有将采集到的数据快速、准确地传输到数据处理与分析层，才能实现对建筑物的实时监测和控制。因此，不断优化数据获取与传输技术，提高数据的质量和传输效率，是提升建筑物监测系统性能的关键。

3.4.1 建筑物监测中的数据采集技术

(1) 结构健康传感器在建筑物监测中的应用

在建筑物监测领域，结构健康传感器发挥着至关重要的作用，能够实时、准确地监测建筑物的结构状态，为建筑物的安全评估和维护提供关键数据支持。

振动传感器在建筑物监测中广泛应用于监测建筑物在各种荷载作用下的振动响应。在高层建筑中，由于风荷载、地震荷载等的作用，建筑物会产生不同程度的振动。通过在建筑物的顶层、中间楼层和底层等关键位置安装振动传感器，能够实时采集建筑物的振动数据。例如，在某超高层建筑的监测中，采用了高精度的压电式振动传感器，该传感器能够检测到微小的振动变化，将振动信号转换为电信号输出。通过对振动数据的分析，可以获取建筑物的振动频率、振幅、加速度等参数。当振动频率发生异常变化时，可能暗示建筑物的结构刚度发生了改变，如结构出现裂缝、构件松动等情况；振幅的增大则可能表示建筑物受到了较大的荷载作用，需要进一步评估结构的安全性。利用这些振动监测数据，结合结构动力学原理和相关算法，可以对建筑物的结构健康状况进行评估，及时发现潜在的安全隐患。

应变传感器主要用于监测建筑物结构在受力过程中的应变变化情况，对于评估建筑物的结构强度和稳定性具有重要意义。在大型桥梁、体育场馆等大跨度建筑结构中，应变监测尤为关键。以某大型体育场馆为例，在其钢梁、混凝土柱等关键承重构件上布置了电阻应变片，这些应变片能够精确测量构件在不同工况下的应变值。当体育场馆举办大型活动，人员和设备集中时，结构会承受较大的荷载，通过应变传感器可以实时监测到构件的应变变化。如果应变值超过了设计允许范围，说明结构可能存在过载风险，需要及时采取措施进行调整，如限制人员和设备的分布、对结构进行临时加固等。此外，通过长期监测应变数据，可以分析结构的受力状态和变化趋势，为建筑物的维护和改造提供依据。例如，根据应变监测数据发现某钢梁在长期使用过程中应变逐渐增大，经过进一步检测，确定是由于钢梁局部腐蚀导致强度降低，及时对钢梁进行了修复和防腐处理，保障了体育场馆的安全使用。

沉降监测传感器用于监测建筑物地基和基础的沉降情况，是保障建筑物安全的重要手段。在建筑物的施工和使用过程中，地基沉降是一个常见的问题，如果沉降不均匀或超过允许范围，可能导致建筑物倾斜、开裂，甚至倒塌。在某新建住宅小区的监测中，采用了基于水准仪原理的沉降监测传感器，在建筑物的各个角点和关键部位设置监测点，定期测量监测点的高程变化。通过对沉降数据的分析，可以判断地基的沉降速率和沉降量是否正常。如果发现某个区域的沉降速率突然加快或沉降量超过了设计标准，需要进一步调查原因，可能是由于地基土质不均匀、地下水位变化、施工扰动等因素引起的。针对不同的原因，可以采取相应的措施，如对地基进行加固处理、调整地下水位、优化施工方案等，以确保建筑物的地基稳定，保障建筑物的安全。

（2）环境参数传感器在建筑物监测中的应用

环境参数传感器在建筑物监测中具有重要作用，能够实时监测建筑物内外部的环境状况，为建筑物的环境调控、人员健康保障以及设备运行维护提供关键数据支持。

温湿度传感器广泛应用于建筑物的各个区域，如办公室、会议室、病房、机房等。在办公室环境中，适宜的温湿度对于提高员工的工作效率和舒适度至关重要。一般来说，室内温度保持在22～26℃，相对湿度保持在40%～60%时，人体感觉最为舒适。通过在办公室内安装温湿度传感器，实时采集室内温湿度数据，当温湿度超出适宜范围时，可自动触发空调、加湿器、除湿器等设备进行调节。例如，当夏季室内温度过高时，温湿度传感器将数据传输给空调控制系统，空调自动启动制冷模式，降低室内温度；当冬季室内湿度较低时，加湿器根据温湿度传感器的反馈自动开启，增加室内湿度。在机房中，由于电子设备运行会产生大量热量，对温湿度的要求更为严格。过高的温度和湿度可能导致设备故障，影响数据的存储和传输。因此，在机房中安装高精度的温湿度传感器，实时监测温湿度变化，可确保机房环境的稳定，保障电子设备的正常运行。

在高层建筑和大型公共建筑中，风速监测对于评估建筑物的风荷载和结构稳定性具有重要意义。在某超高层建筑的设计和建设过程中，在建筑物的不同高度和迎风面布置了风速传感器，实时监测风速和风向。通过对风速数据的分析，可以了解建筑物在不同风力条件下所承受的风荷载大小和分布情况。当风速超过一定阈值时，可能对建筑物的结构产生较大影响，需要采取相应的防风措施，如调整建筑物的外形设计、增加结构的抗风能力等。此外，风速监测数据还可以用于优化建筑物的通风系统。在一些大型商场、体育馆等公共建筑中，根据风速和风向的变化，合理调整通风口的开启程度和通风设备的运行模式，实现自然通风和机械通风的有效结合，提高室内空气质量，降低能源消耗。

空气质量传感器用于监测建筑物内的有害气体浓度、颗粒物浓度等指标，对于保障人员健康至关重要。在室内环境中，常见的有害气体包括甲醛、苯、TVOC（总挥发性有机化合物）等，这些气体主要来源于装修材料、家具、办公用品等。过高的有害气体浓度会对人体健康造成严重危害，如引起呼吸道疾病、过敏反应、神经系统损伤等。在新装修的办公室和住宅中，安装甲醛传感器和TVOC传感器，实时监测室内有害气体浓度。当有害气体浓度超标时，及时采取通风换气、空气净化等措施，降低室内有害气体浓度，保障人员的健康安全。此外，颗粒物浓度监测对于评估室内空气质量也具有重要意义。在一些工业厂房、交通枢纽等场所，空气中的颗粒物含量较高，可能对人体呼吸系统造成损害。通过安装颗粒物传感器，实时监测空气中的 $PM_{2.5}$、PM_{10} 等颗粒物浓度，采取有效的防尘措施，如加强通风、安装空气过滤器等，改善室内空气质量。

3.4.2 建筑物监测中的数据传输技术

（1）建筑物监测通信网络架构

在建筑物监测中，构建合理的通信网络架构是实现数据高效传输的关键。根据建筑物的结构特点和监测需求，通常采用分层式网络设计，结合有线和无线通信技术，以满足不同场景下的数据传输要求。

在一些大型商业综合体的建筑物监测中，采用了三层的分层式网络架构。感知层由各类传感器组成，这些传感器分布在建筑物的各个关键位置，如在商场的天花板、墙壁、通风管道等位置安装温湿度传感器、空气质量传感器，用于监测室内环境参数；在建筑物的梁柱、楼板等结构部位安装振动传感器、应变传感器，用于监测结构健康状况。这些传感器将采集到的数据通过有线或无线方式传输到传输层。

传输层采用有线与无线混合组网的方式。对于数据量较大、实时性要求较高的数据，如结构健康监测数据，采用有线通信方式，通过以太网将数据传输到汇聚节点。在建筑物的弱电井中铺设以太网电缆，将各个楼层的传感器节点连接到汇聚节点，确保数据能够快速、稳定地传输。对于数据量较小、实时性要求相对较低的数据，如环境参数监测数据，采用无线通信方式，利用 ZigBee 无线传感器网络将数据传输到汇聚节点。ZigBee 网络具有自组网、低功耗、成本低等优点，适合在建筑物内进行短距离的数据传输。在商场的各个区域设置 ZigBee 协调器，将分布在周围的传感器节点连接起来，形成一个无线传感网络，实现数据的采集和传输。

平台层则负责数据的存储、分析和应用。在建筑物的监控中心，建立数据服务器，用于存储大量的监测数据。同时，利用数据分析软件对数据进行处理和分析，实现对建筑物运行状态的实时监测和预警。例如，通过对温湿度数据的分析，当发现室内温度过高或湿度过低时，自动启动空调系统进行调节；通过对结构健康监测数据的分析，当发现建筑物结构出现异常振动或应变时，及时发出预警信号，通知相关人员进行检查和处理。

在一些历史文化建筑的监测中，由于建筑结构复杂，布线困难，更加注重无线通信技术的应用。采用 LoRa 无线通信技术，实现对建筑物的远程监测。LoRa 具有传输距离远、穿透能力强、功耗低等优点，适合在古建筑这种复杂环境中进行数据传输。在古建筑的周围设置 LoRa 网关，将分布在建筑内部的传感器节点通过 LoRa 无线通信连接到网关，再通过网关将数据传输到监控中心。例如，在某古建筑的监测中，在建筑的屋顶、墙体等位置安装振动传感器和位移传感器，通过 LoRa 无线通信将数据传输到距离古建筑较远的监控中心，实现对古建筑结构健康状况的实时监测，同时避免了在古建筑内部进行大规模布线对建筑造成的破坏。

通过合理的通信网络架构设计，能够实现建筑物监测数据的全面采集、高效传输和有效应用，为建筑物的安全运行和管理提供有力支持。不同类型的建筑物根据其自身特点和监测需求，选择合适的通信网络架构和通信技术，能够提高监测系统的可靠性和稳定性，降低建设和维护成本。

(2) 建筑物监测数据传输的特点与要求

建筑物监测数据传输具有独特的特点和严格的要求，这些特点和要求直接关系到监测系统的有效性和建筑物的安全运行。

建筑物监测数据传输具有实时性要求高的特点。在建筑物发生火灾、地震等紧急情况时，需要将监测数据及时传输到监控中心，以便相关人员能够迅速做出决策，采取有效的应对措施。在火灾发生时，安装在建筑物内的烟雾传感器、温度传感器等设备会实时采集数据，并通过通信网络快速传输到消防控制中心。消防人员根据这些实时数据，能够准确了解火灾的位置、火势大小等信息，及时组织灭火和救援工作，减少人员伤亡和财产损失。

可靠性也是建筑物监测数据传输的重要特点。建筑物监测系统需要长期稳定运行，数据传输不能出现中断或丢失的情况。在某高层建筑的监测中，为了确保数据传输的可靠性，采用了冗余通信链路设计。同时使用光纤和无线通信两种方式进行数据传输，当光纤链路出现故障时，无线通信链路能够自动切换，继续传输数据，保证监测系统的正常运行。此外，还对通信设备进行定期维护和检测，及时更换老化的设备，确保数据传输的可靠性。

建筑物内部结构复杂，存在大量的障碍物，如墙壁、梁柱等，这会对无线信号的传输产生严重的衰减和干扰。在建筑物监测数据传输中，需要考虑信号的穿透能力和抗干扰能力。在采用无线通信技术时，选择具有较强穿透能力的频段，如 LoRa 工作在 433MHz、868MHz 等频段，这些频段的信号在建筑物内具有较好的穿透能力。同时，采用信号增强技术和抗干扰算法，提高信号的质量和稳定性。例如，在某建筑物的监测中，通过在无线通信设备上安装高增益天线，增强信号的发射和接收能力，减少信号衰减；采用自适应滤波算法，对接收的信号进行处理，去除干扰信号，提高数据传输的准确性。

建筑物监测数据传输还需要满足安全性要求。监测数据涉及建筑物的安全信息，如结构健康状况、火灾报警信息等，需要防止数据被窃取、篡改或泄露。采用数据加密技术，对传输的数据进行加密处理，确保数据的安全性。在某智能建筑的监测系统中，采用 AES 加密算法对监测数据进行加密，只有拥有正确密钥的接收端才能解密数据，有效防止了数据在传输过程中被窃取和篡改。同时，加强网络安全防护，设置防火墙、入侵检测系统等，防止网络攻击，保障数据传输的安全。

3.5 数据获取与传输典型应用案例分析

3.5.1 变电站 GIS 基础沉降观测中的多传感器协同传输

以某变电站 GIS 基础沉降观测项目为例，该变电站位于某复杂地质区域，其 GIS 基础是变电站的核心结构之一，承载着高压电气设备的运行安全。由于 GIS 基础的结构复杂性以及对沉降控制的严格要求，沉降观测需要高精度和高频率的数据采集。

在该项目中，采用了多种类型的传感器进行协同工作，以实现对 GIS 基础沉降的全面、准确监测。水准仪作为一种传统且精度较高的沉降监测仪器，通过其提供的水平视线，读取竖立于 GIS 基础不同位置的水准尺读数，测量两点间的高差以计算沉降量。在 GIS 基础的各个角点和关键部位设置了水准测量点，定期使用水准仪进行测量。然而，水准仪测量存在一定的局限性，如测量频率较低，难以实现实时监测，且受天气和地形等因素的影响较大。

为了弥补水准仪测量的不足，引入了 GNSS（全球导航卫星系统）监测技术。GNSS 通过接收卫星信号，实时获取监测点的三维坐标，从而计算出 GIS 基础的沉降量。在 GIS 基础的顶部和周边设置了多个 GNSS 监测站，这些监测站能够实时采集数据，实现对 GIS 基础沉降的动态监测。GNSS 监测具有测量范围广、实时性强、不受通视条件限制等优点，但在变电站附近存在高大设备或建筑物时，信号容易受到遮挡和干扰，导致测量精度下降。

为了进一步提高监测的准确性和可靠性，还采用了静力水准仪。静力水准仪由多个仪器组成系统，通过通液管相互连接，传感器的磁浮子随液位同步变化，变化的液位由磁致伸缩式传感器测出，通过计算可得出各测点的沉降量。在 GIS 基础的底部和关键支撑点安装了静力水准仪，它能够实时监测基础的沉降情况，且测量精度较高，可达到毫米级。但静力水准仪的安装和维护相对复杂，对环境要求较高。

这些不同类型的传感器在 GIS 基础沉降监测中发挥着各自的优势，通过多传感器协同工作，实现了对 GIS 基础沉降的全方位、多层次监测。在数据传输方面，采用了有线与无线混合组网的方式。对于水准仪测量数据，由于其测量频率较低，数据量较小，采用人工记录后通过有线网络传输到监测中心。GNSS 监测数据和静力水准仪监测数据则通过无线通信技术进行实时传输。在变电站内设置了多个无线传输节点，将传感器采集到的数据发送到这些节点，再通过节点将数据传输到监测中心。其中，GNSS 监测数据通过 4G 网络进行传输，以满足其对实时性和数据传输量的要求；静力水准仪监测数据则采用 ZigBee 无线通信技术进行传输，利用其低功耗、自组网的特点，实现数据的可靠传输。

通过多传感器协同传输，该项目取得了显著的效果。能够实时、准确地获取 GIS 基础的沉降数据，及时发现沉降异常情况。在一次监测中，通过对多种传感器数据的综合分析，发现 GIS 基础某一角点的沉降速率突然加快，超出了正常范围。监测人员立即对该区域进行了详细检查，发现是由于附近施工导致地下水位变化，从而影响了基础的稳定性。根据监测数据和检查结果，及时采取了相应的加固措施，避免了因沉降过大而对设备运行造成安全隐患。通过长期的监测数据积累和分析，还可以对 GIS 基础的沉降趋势进行预测，为变电站的维护和管理提供科学依据。例如，通过对历史沉降数据的分析，预测该基础在未来一段时间内的沉降量，提前制订维护计划，确保变电站的安全稳定运行。

3.5.2 变电站构支架的数据获取与传输

在某大型变电站的构支架结构健康监测项目中，选用了多种先进的传感器来获取数据。在构支架的关键受力部位，如主梁、立柱和横梁等位置安装了光纤光栅应变传感器。光纤光栅应变传感器利用光纤光栅的应变-波长敏感特性，当构支架受力产生应变时，光纤光栅的中心波长会发生相应变化，通过检测波长的变化即可准确测量结构的应变。这种传感器具有精度高、抗电磁干扰能力强、可分布式测量等优点，能够准确地监测到构支架在各种荷载作用下的应变变化情况。例如，在一次大风天气中，通过光纤光栅应变传感器监测到部分横梁的应变明显增大，及时对结构进行了评估和加固，避免了可能出现的安全问题。

为了监测构支架的振动情况，在构支架的不同位置布置了压电式加速度传感器。压电式加速度传感器基于压电效应，当构支架发生振动时，传感器受到加速度作用产生电荷，通过测量电荷的大小即可得到结构的加速度响应。这些传感器能够实时采集构支架在风荷载、地震荷载等作用下的振动加速度数据，为结构的动力响应分析提供了重要依据。通过对振动加速度数据的分析，可以获取构支架的自振频率、阻尼比等动力学参数，评估结构的抗震性能。在一次小型地震中，通过压电式加速度传感器采集到的振动数据，准确地分析出构支架的动力响应情况，为后续的结构安全评估提供了关键数据。

位移传感器则用于监测构支架的水平位移和竖向位移。在构支架的顶部和底部设置了激光位移传感器，通过发射激光束并接收反射光，测量构支架的位移变化。这种传感器具有测量精度高、非接触式测量等优点，能够实时监测构支架在各种工况下的位移情况。例如，在变电站设备检修过程中，通过激光位移传感器实时监测构支架的沉降和倾斜情况，确保检修过程中构支架结构的安全。

在数据传输方面，采用了有线与无线相结合的混合传输方式。对于光纤光栅应变传感器和激光位移传感器等数据量较大、实时性要求较高的数据，通过光纤进行传输。光纤具有传输速率高、带宽大、抗电磁干扰能力强等优点，能够满足这些关键数据的高速、稳定传输需求。在变电站内铺设了光纤网络，将各个传感器的数据通过光纤传输到数据采集中心。

对于压电式加速度传感器等数据量相对较小的数据，采用无线传输方式。在变电站内布置了多个 ZigBee 无线传输节点，将压电式加速度传感器采集到的数据通过 ZigBee 网络传输到汇聚节点，再由汇聚节点通过有线网络或其他通信方式将数据传输到数据采集中心。ZigBee 具有低功耗、自组网、成本低等优点，适合在变电站内部进行短距离的数据传输。

为了确保数据传输的可靠性和实时性，还采取了一系列优化措施。在网络架构方面，采用了分层式网络设计，将传感器节点、汇聚节点和数据采集中心进行合理布局，提高数据传输的效率和可靠性。在数据传输过程中，采用了数据校验和重传机制，当接收端发现数据错误或丢失时，及时请求发送端重传数据，确保数据的完整性。同时，为了提高数据传输的安全性，对传输的数据进行加密处理，防止数据被窃取和篡改。

通过这些数据获取与传输技术的应用，该变电站的构支架结构健康监测系统能够实时、准确地获取构支架的各项参数数据，并将其可靠地传输到数据分析中心。通过对这些数据的分析和处理，能够及时发现结构的潜在安全隐患，为变电站的安全运行提供了有力保障。在该变电站投入使用后的多年里，结构健康监测系统成功检测到多次结构异常情况，如在一次强风过后，通过对监测数据的分析发现部分横梁的应变超出了正常范围，及时对横梁进行了加固处理，避免了可能发生的结构损坏事故。

3.5.3 变电站站房环境参数监测网络的能耗优化实践

以某变电站站房建筑环境参数监测网络的能耗优化实践为例，该变电站站房作为电力系统的重要组成部分，其内部环境参数的监测对于保障设备运行安全和维护人员健康至关重要。同时，站房内的能耗管理也是实现绿色低碳运行的重要环节。

在传感器选型方面，选用了低功耗的温湿度传感器和空气质量传感器。温湿度传感器采用了基于 MEMS 技术的传感器，具有功耗低、精度高、响应速度快等优点。对于空气质量传感器，则选用了能够同时监测多种有害气体浓度的复合型传感器，如 SF_6 及其分解产物。这些传感器分布在变电站站房的各个区域，包括主控室、高压室、配电室等，通过合理布局，确保能够全面、准确地监测站房内的环境参数。

在数据传输方面，采用了无线传感器网络技术，以降低布线成本和能耗。选择了 ZigBee 和 LoRa 相结合的混合组网方式。对于距离较近、数据传输量相对较大的传感器节点，如主控室内的传感器节点，采用 ZigBee 技术进行数据传输。

对于距离较远、数据传输量较小的传感器节点，如高压室的部分区域的传感器节点，采用LoRa技术进行数据传输。LoRa具有传输距离远、功耗低的优点，能够实现对这些区域的有效覆盖。

为了进一步降低能耗，采取了一系列节能措施。在传感器节点的设计上，采用了休眠机制。当传感器节点在一段时间内没有新的数据需要传输时，自动进入休眠状态，降低功耗。在数据传输过程中，采用了数据压缩和缓存技术。对采集到的数据进行压缩处理，减少数据传输量，从而降低传输能耗。同时，在传感器节点上设置缓存区，当网络出现拥塞或信号不稳定时，将数据暂时存储在缓存区中，待网络恢复正常后再进行传输，避免了数据的重复传输和能耗的浪费。

通过这些能耗优化措施的实施，该变电站站房建筑环境参数监测网络取得了显著的节能效果。根据实际运行数据统计，在优化之前，监测网络的总能耗为3980W，优化之后，总能耗降低到了3100W，能耗降低了22.1%。同时，通过对监测数据的分析，能够及时调整变电站的空调、通风等系统的运行策略，进一步降低了站房的整体能耗。例如，根据温湿度监测数据，合理调整空调的运行温度和风速，避免了过度制冷或制热，实现了节能与设备运行环境优化的平衡。在空气质量监测方面，根据监测数据及时调整通风系统的运行时间和强度，确保室内空气质量达标，同时减少了通风系统的能耗。通过能耗优化实践，不仅降低了监测网络的运行成本，还为变电站的节能减排做出了贡献，实现了经济效益和环境效益的双赢。

3.6 技术挑战与未来趋势

3.6.1 当前技术瓶颈

在智能变电站和建筑物监测领域，数据获取与传输技术虽然取得了显著进展，但仍面临诸多挑战，尤其是在复杂电磁环境下的可靠性以及海量数据实时性方面，存在着亟待解决的瓶颈问题。

(1) 复杂电磁环境下的可靠性问题

智能变电站和建筑物内部都存在着复杂的电磁环境，这对数据获取与传输的可靠性构成了严重威胁。在智能变电站中，高压设备运行时会产生强大的电磁场，其产生的电磁干扰频率范围广，从低频到高频都有分布，可能导致传感器数据采集出现偏差，信号传输过程中出现失真、丢包等问题。例如，当局部放电传感器检测到电气设备的局部放电信号时，强电磁场干扰可能会使传感器输出的信号被淹没在噪声中，无法准确判断局部放电的强度和位置，从而影响对设备绝缘状态的评估。

建筑物内部同样存在复杂的电磁干扰源，如电梯、电机、通信设备等。这些设备在运行过程中会产生电磁辐射，干扰传感器数据的传输。在建筑物结构健康监测中，振动传感器和应变传感器采集的数据可能会受到附近电机运行产生的电磁干扰，导致数据波动异常，无法准确反映建筑物的结构状态。而且，建筑物的金属结构和装修材料也会对无线信号产生反射、折射和吸收，进一步削弱信号强度，增加信号传输的不稳定性。

为了解决复杂电磁环境下的可靠性问题，虽然已经采取了一些抗干扰措施，如屏蔽、滤波等，但这些措施往往存在一定的局限性。屏蔽技术虽然可以减少外界电磁干扰的侵入，但对于内部产生的电磁干扰效果有限，且屏蔽材料的选择和安装工艺要求较高，成本也相对较高。滤波技术能够去除部分噪声，但对于一些与有用信号频率相近的干扰信号，难以有效滤除。此外，随着智能变电站和建筑物监测系统中设备数量的增加和功能的复杂化，电磁干扰的情况也变得更加复杂，现有的抗干扰措施难以满足日益增长的可靠性需求。

（2）海量数据实时性挑战

随着智能变电站和建筑物监测系统中传感器数量的不断增加以及监测频率的不断提高，产生的数据量呈爆炸式增长。在智能变电站中，不仅要对大量的电气设备状态进行实时监测，还需要对环境参数等进行全方位监测，每台设备的运行数据、故障数据、操作记录等都需要实时采集和传输，数据量巨大。在建筑物监测中，对于大型建筑物或建筑群，需要监测的结构健康参数、环境参数等数据也非常庞大，如高层建筑的每个楼层、每个关键结构部位都需要布置传感器进行监测，产生的数据量极为可观。

然而，现有的数据传输和处理技术在应对海量数据的实时性要求时存在明显不足。在数据传输方面，网络带宽有限，当大量数据同时传输时，容易出现网络拥塞，导致数据传输延迟增加，甚至出现数据丢失的情况。在智能变电站中，当多个电气设备同时发生故障，产生大量故障数据需要传输时，网络可能无法及时将这些数据传输到监控中心，影响故障的及时处理。在建筑物监测中，当建筑物发生紧急情况，如火灾、地震等，大量的监测数据需要快速传输，但网络拥塞可能导致关键数据无法及时到达，延误救援时机。

在数据处理方面，传统的数据处理算法和计算设备难以满足对海量数据的实时分析和处理需求。对海量的电气设备监测数据进行实时分析，以判断设备的运行状态和预测故障，需要强大的计算能力和高效的算法。但目前的计算设备在处理速度和存储容量上存在一定的限制，无法快速对海量数据进行处理和分析，导致监测数据的价值无法及时体现，无法为决策提供及时有效的支持。

3.6.2 未来发展方向

（1）5G/TSN 融合传输技术

5G 与时间敏感网络（TSN）融合传输技术在智能变电站和建筑物监测领域展现出巨大的应用前景。5G 具有高速率、低时延、大连接的特性，能够满足智能变电站和建筑物监测对海量数据快速传输的需求。TSN 则专注于解决网络传输中的时间同步和确定性问题，确保数据在规定的时间内准确传输。

在智能变电站中，5G/TSN 融合传输技术可实现对电气设备状态的实时、精准监测。例如，对于变压器的局部放电监测，5G 的高速率和低时延特性能够使传感器采集到的局部放电数据迅速传输到监控中心，而 TSN 的时间同步功能则确保了不同监测点数据的时间一致性，便于对变压器的局部放电情况进行全面、准确的分析。在智能变电站的分布式能源接入场景中，大量的分布式电源和储能设备需要实时与电网进行数据交互和功率调节。5G/TSN 融合传输技术能够实现对这些分布式能源设备的高效管理，通过快速传输设备的运行状态数据和控制指令，确保分布式能源与电网的稳定连接和协同运行，提高电力系统的可靠性和灵活性。

在建筑物监测领域，5G/TSN 融合传输技术可用于实现对建筑物结构健康和环境参数的全面监测。在高层建筑的结构健康监测中，5G 的大连接特性能够支持大量传感器节点的接入，实时采集建筑物不同部位的振动、应变等数据，而 TSN 的确定性传输保障了这些数据能够及时、准确地传输到监测中心，为建筑物结构的安全评估提供可靠依据。在智能建筑的环境控制系统中，通过 5G/TSN 融合传输技术，可实现对室内温湿度、空气质量等参数的实时监测和精准调控。例如，当室内温度过高时，传感器数据通过 5G 网络快速传输到空调控制系统，同时利用 TSN 的时间同步和确定性传输，确保控制指令能够准确无误地发送到空调设备，及时调整室内温度，提高室内环境的舒适度。

5G/TSN 融合传输技术还能够促进智能变电站和建筑物监测与其他相关领域

的融合发展。在智能电网与智慧城市融合的背景下，5G/TSN 融合传输技术可实现智能变电站与城市能源管理系统、交通系统等的互联互通，通过共享数据和协同控制，实现城市能源的优化配置和高效利用。在建筑物监测与智能家居融合方面，5G/TSN 融合传输技术可使建筑物监测系统与智能家居设备实现无缝连接，通过实时传输建筑物的环境参数和设备状态数据，智能家居设备能够自动调整工作模式，实现更加智能化的家居控制。

5G/TSN 融合传输技术在智能变电站和建筑物监测领域具有广阔的应用前景，能够有效提升监测系统的性能和智能化水平，为电力系统的安全稳定运行和建筑物的安全舒适提供有力保障。随着技术的不断发展和完善，5G/TSN 融合传输技术将在更多领域得到应用，推动智能变电站和建筑物监测向更高水平发展。

(2) 数字孪生驱动的智能数据中台

数字孪生技术在构建智能数据中台方面具有重要应用价值，能够对智能变电站和建筑物监测的数据管理及分析产生深远影响。数字孪生是一种通过数字化手段对物理实体进行映射和模拟的技术，它能够实时反映物理实体的状态、行为和性能。

在智能变电站中，数字孪生驱动的智能数据中台可以将变电站内的电气设备、通信网络、运行环境等进行数字化建模，形成与实际变电站一一对应的虚拟模型。通过数据采集与传输技术，将实际变电站的运行数据实时同步到数字孪生模型中，使虚拟模型能够实时反映实际变电站的运行状态。在变压器的数字孪生模型中，通过实时采集变压器的油温、绕组温度、局部放电等数据，将这些数据输入数字孪生模型中，模型能够根据这些数据实时模拟变压器的运行状态，预测变压器可能出现的故障。当模型预测到变压器油温过高，可能导致绝缘损坏时，及时发出预警信号，提醒运维人员采取相应的措施，如调整负载、加强散热等，避免故障的发生。

在建筑物监测领域，数字孪生驱动的智能数据中台可以构建建筑物的数字孪生模型，实时反映建筑物的结构健康状况和环境参数。在高层建筑的数字孪生模型中，通过采集建筑物的振动、应变、位移等结构健康数据，以及温湿度、空气质量等环境参数数据，数字孪生模型能够实时展示建筑物的状态。当建筑物出现结构异常或环境参数超标时，数字孪生模型能够直观地呈现问题所在，并通过数据分析提供相应的解决方案。当建筑物某一区域的甲醛浓度超标时，数字孪生模型可以通过分析通风系统的数据，提出优化通风策略的建议，以降低甲醛浓度，保障室内空气质量。

数字孪生驱动的智能数据中台还能够实现对智能变电站和建筑物监测数据的深度分析和挖掘。通过对大量历史数据的学习和分析，建立数据模型，预测设备的运行趋势和建筑物的性能变化。在智能变电站中，利用数字孪生模型对电气设备的历史运行数据进行分析，建立设备故障预测模型，提前预测设备可能出现的故障，实现设备的预防性维护。在建筑物监测中，通过对建筑物的历史能耗数据和环境参数数据进行分析，建立能耗预测模型，预测建筑物未来的能耗情况，为节能优化提供决策依据。

数字孪生驱动的智能数据中台能够提高智能变电站和建筑物监测数据的管理及分析效率，实现对物理实体的实时监测、故障预测和优化控制，为智能变电站和建筑物的安全稳定运行提供更加智能化的支持。随着数字孪生技术和数据处理技术的不断发展，数字孪生驱动的智能数据中台将在智能变电站和建筑物监测领域发挥更加重要的作用。

（3）边缘 AI 与自适应传输策略

边缘 AI（人工智能）与自适应传输策略在数据获取与传输中具有重要的应用价值和广阔的发展趋势。边缘 AI 将人工智能算法部署在靠近数据源的边缘设备上，实现数据的本地化处理和分析，能够有效减少数据传输量，提高数据处理的实时性。自适应传输策略则根据网络状况、数据重要性等因素，动态调整数据传输方式和参数，确保数据能够高效、可靠地传输。

在智能变电站中，边缘 AI 技术可用于电气设备的实时故障诊断。在变压器的监测中，将边缘 AI 算法部署在变压器附近的边缘计算设备上，边缘计算设备实时采集变压器的油温、绕组温度、局部放电等数据，并利用边缘 AI 算法对这些数据进行分析。当检测到数据异常时，边缘 AI 算法能够快速判断故障类型和原因，并及时发出预警信号。这种本地化的故障诊断方式，不仅减少了数据传输的延迟，还减轻了中心服务器的计算负担，提高了故障诊断的效率和准确性。

自适应传输策略在智能变电站中能够根据网络的实时状况，动态调整数据传输参数。当网络带宽充足时，提高数据传输速率，确保大量监测数据能够快速传输；当网络出现拥塞时，降低数据传输速率，优先传输关键数据，如设备故障报警信息等，保证数据传输的可靠性。在智能变电站的通信网络中，通过实时监测网络的带宽、延迟、丢包率等参数，自适应传输策略能够自动调整数据传输的优先级和速率，实现数据的高效传输。

在建筑物监测领域，边缘 AI 技术可用于建筑物结构健康的实时评估。在高层建筑的结构健康监测中，将边缘 AI 算法部署在建筑物的边缘节点上，边缘节点实时采集振动传感器、应变传感器等的数据，并利用边缘 AI 算法对这些数据进行分析，实时评估建筑物的结构健康状况。当发现结构出现异常时，及时发出预警信号，通知相关人员进行检查和处理。这种边缘 AI 技术的应用，能够实现对建筑物结构健康的实时监测和快速响应，提高建筑物的安全性。

自适应传输策略在建筑物监测中能够根据传感器数据的重要性和实时性要求，动态调整数据传输方式。对于实时性要求较高的火灾报警数据，采用低延迟的传输方式，确保报警信息能够及时传输到监控中心；对于实时性要求相对较低的环境参数监测数据，采用高效的数据压缩和缓存技术，在网络空闲时进行传输，降低数据传输的能耗和成本。在建筑物的无线传感器网络中，通过自适应传输策略，能够根据传感器节点的能量状态、信号强度等因素，动态调整数据传输的功率和频率，延长传感器网络的使用寿命。

边缘 AI 与自适应传输策略的结合，能够实现数据获取与传输的智能化和高效化。随着边缘计算技术、人工智能技术和通信技术的不断发展，边缘 AI 与自适应传输策略将在智能变电站和建筑物监测等领域得到更广泛的应用，为数据的准确获取、高效传输和智能处理提供有力支持，推动相关领域的智能化发展。

第 4 章

变电站建（构）筑物结构健康监测设计控制标准与方案

4.1 概述

作为变电站设备的承载主体和运行环境，变电站建（构）筑物设计的合理性、建设的质量以及对复杂地质条件的适应性，直接关系到变电站能否正常运行。例如，设备基础作为电力设备的支撑结构，需要具备足够的强度和稳定性，以承受设备的重量和运行时产生的各种荷载，一旦基础出现问题，可能导致设备倾斜、移位甚至损坏，严重影响电力供应；构支架用于支撑母线、导线等电气设备，其结构的可靠性直接影响到电气设备的安全运行；围墙不仅起到隔离和保护作用，还能防止外界因素对变电站设备的干扰；边坡的稳定性对于建（构）筑物及站内设备安全至关重要，尤其是在山区等地形复杂的区域，若边坡处理不当，在暴雨、地震等自然灾害作用下，可能引发滑坡、坍塌等地质灾害，威胁变电站的安全。

在变电站建（构）筑物的建设过程中，选址是首要面临的关键问题。选址不仅要考虑负荷中心、线路走廊、交通便利性等因素，还要充分评估地质条件、周边环境等对建（构）筑物稳定性和安全性的影响。然而，在实际选址过程中，往往会遇到诸多困难，如城市土地资源紧张，难以找到合适的地块，且周边环境复杂，可能存在居民区、商业区、文物保护区等，使得选址受限；同时，不同地区的地质条件差异巨大，可能存在软土地基、湿陷性黄土、岩溶等不良地质现象，这些复杂的地质条件给建（构）筑物的基础设计和施工带来了极大挑战，如果不能充分认识和合理处理这些地质问题，将会给建（构）筑物的长期稳定运行埋下隐患。

为了确保变电站建（构）筑物在全生命周期内的安全可靠运行，及时掌握其结构健康状况至关重要。通过设置科学合理的结构健康监测仪器，可以实时获取建（构）筑物的应力、应变、位移、振动等参数，进而对其结构状态进行评估和预测。而结构健康监测设计控制标准则为监测系统的设计、实施和数据分析提供了依据，明确了监测的内容、精度、频率以及预警阈值等关键指标，确保监测系统能够准确、有效地反映建（构）筑物的健康状况，为及时采取维护措施提供科学依据。

了解变电站建（构）筑物的组成、选址、结构健康监测仪器设置原则以及设计控制标准，对于保障变电站的安全稳定运行，提高电力系统的供电可靠性和稳定性，满足社会日益增长的用电需求，具有重要的现实意义。

4.2 设备基础

作为变电站建（构）筑物的重要组成部分，设备基础是电力设备稳定运行的基石，承载着设备的重量，抵御设备运行过程中产生的各种作用力，如振动、冲击等，确保设备在长期运行中保持正确的位置和姿态，为电力系统的可靠供电提供坚实保障。不同类型的设备基础具有各自独特的特点和要求，其设计和施工质量直接关系到变电站的安全稳定运行。

4.2.1 主变压器基础

主变压器作为变电站的核心设备，其基础的重要性不言而喻。在常见的变电站中，主变压器基础多采用钢筋混凝土结构，这种结构凭借其高强度和良好的耐久性，能够可靠地承受主变压器的巨大重量以及运行时产生的动态荷载，如图4-1所示。例如，在某110kV变电站中，主变压器的容量为50MV·A，其基础尺寸为长8000mm、宽6000mm、高1500mm，采用C35混凝土浇筑，内部配置了直径20mm的HRB400钢筋，间距为200mm，以增强基础的承载能力和抗裂性能。

主变压器基础的承载要求极为严格。一方面，基础必须具备足够的抗压强度，以承受主变压器自身的重量，一般主变压器的重量可达100～1000kN；另一方面，还需具备良好的抗剪和抗弯能力，以应对运行过程中因电磁力等因素引起的振动和冲击。在设计时，需要精确计算基础的承载能力，考虑地基土的承载特性、地下水位等因素，确保基础的稳定性。例如，在某110kV变电站中，根据主变压器的重量和基础尺寸，计算得出基础底面的平均压力为150kPa，根据天然地基土的承载力测试，确定其承载力特征值为180kPa，满足承载要求。

主变压器基础在保证变压器稳定运行中起着关键作用，能够有效地分散变压器的重量，将荷载均匀传递到地基上，避免地基出现不均匀沉降，确保变压器的水平度和垂直度在允许范围内。同时，基础的良好抗震性能能够在地震等自然灾害发生时，保护变压器免受损坏，保障电力系统的安全运行。例如，在某次地震中，该变电站的主变压器基础凭借其坚固的结构，成功抵御了地震的冲击，主变压器未出现任何位移和损坏，为后续的电力恢复提供了有力支持。

图 4-1 主变压器基础

4.2.2 电气设备基础

变电站中还存在众多其他电气设备,如断路器、隔离开关、互感器等,各自的基础也具有独特之处。断路器基础通常要求较高的平整度和稳定性,以确保断路器在分合闸操作时的准确性和可靠性;隔离开关基础则需要具备良好的绝缘性能,防止漏电事故的发生;互感器基础对精度要求较高,以保证其测量的准确性。

在设计电气设备基础时,需充分考虑设备的工作特性和安装要求。例如,对于有振动要求的设备,基础应设置隔振措施,如采用隔振垫或隔振弹簧,减少设备振动对基础和周围环境的影响;对于需要经常检修的设备,基础应预留足够的空间和通道,方便设备的拆卸和安装,如图 4-2 所示。在某 220kV 变电站中,断路器基础采用了预埋钢板的方式,确保断路器安装的平整度和牢固性;隔离开关基础在设计时,增加了绝缘层的厚度,提高了其绝缘性能;互感器基础则通过精确的测量和定位,保证了互感器的安装精度。

图 4-2　电气设备基础

4.2.3　基础施工工艺及要求

变电站主变压器和电气设备的基础施工工艺及要求，是构建稳定电力系统的基石。施工前，需详尽准备，包括熟悉图纸，确认标高、轴线及尺寸关系，确保预埋件无遗漏，并准备质量合格的施工材料。施工流程涵盖测量放线、土方开挖至基坑清理、混凝土垫层铺设、承台模板安装、钢筋布置、底板及支墩混凝土浇筑，直至最终的混凝土养护，每一步都需严格按照图纸和技术规范执行。特别在开挖过程中，需注重安全，避免损害周边结构，而垫层、模板和钢筋的安装则需精确控制尺寸和位置，以保证基础的稳固性。

对于变压器等电气设备的基础施工，除了遵循基础施工的标准流程外，还需特别关注基础的水平度和垂直度，确保变压器安装后的稳定。预埋件和预留孔的位置、规格需与设计图纸严格对应，且预埋件需进行防腐处理。接地系统的设置同样关键，需确保变压器基础与主接地网的有效连接，以提高电气安全。此外，高低压进出线口的防火和防小动物封堵措施也是不可忽视的环节，它们能有效保障电气设备的正常运行。

施工质量控制是确保变电站设备基础施工质量的关键。从模板安装到钢筋布置，再到混凝土浇筑和养护，每一步都需要严格的质量检查和控制。模板的刚度和稳定性、钢筋的规格和位置、混凝土的坍落度和振捣密实度等都是影响基础质量的关键因素。同时，隐蔽工程和中间过程的验收也是必不可少的环节，它们能帮助及时发现并纠正施工中的问题，确保最终施工质量符合设计要求。

4.3 构支架

构支架是变电站的重要组成部分，在变电站中起着支撑和固定电气设备的关键作用，其性能和质量直接影响着变电站的安全稳定运行。

4.3.1 构支架类型与结构

变电站中的构支架类型丰富多样，其中门形构支架和π形构支架较为常见（图4-3）。门形构支架通常由两根立柱和一根横梁组成，整体形状犹如"门"字，这种结构简单明了，受力明确，具有较高的稳定性和可靠性。在实际应用中，门形构支架被广泛用于支撑母线、导线等电气设备，能够为其提供坚实的支撑，确保电力传输的稳定。例如，在某220kV变电站，门形构支架采用钢混结构，立柱为混凝土预制构件，横梁选用热轧H型钢，两者通过预埋钢板与高强度螺栓组合连接，兼具混凝土的耐久性和钢结构的高强度，施工便捷且稳定性强。该变电站构支架横梁跨度12m，立柱高度9m，满足变电站主变压器及高压开关设备的安装与支撑需求，同时为设备检修和维护预留充足空间，保障变电站长期稳定运行。

π形构支架则由两根斜柱和一根横梁组成，形状类似希腊字母"π"，这种构支架在力学性能上具有独特的优势，能够有效分散荷载，增强构支架的承载能力。在一些地形条件复杂或对构支架空间布置有特殊要求的变电站中，π形构支架得到了广泛应用。例如，在某沿海地区的220kV变电站建设中，由于地质条件复杂且存在一定的风荷载，采用了π形构支架。该构支架采用钢结构，立柱与横梁通过高强度螺栓连接，整体造型呈π形，具有良好的抗风性能和稳定性。该变电站π形构支架的横梁跨度为15m，立柱高度为10m，斜柱与地面夹角设计为65°，通过精确的力学计算和结构优化，确保了在复杂环境下

(a) 门形　　　　　　　　　　　　　　(b) π形

图 4-3　构支架

的承载能力和稳定性。

不同类型的构支架在适用场景上各有侧重。门形构支架适用于场地较为平坦、空间开阔的变电站，其结构简单，施工方便，成本相对较低，能够满足大多数常规变电站的需求；而π形构支架则更适用于地形复杂、空间受限或对构支架承载能力要求较高的场合，如山区变电站、紧凑型变电站等。在导线支撑方面，构支架通过绝缘子串将导线固定在预定位置，防止导线因自重、风力、温度变化等因素而发生位移或晃动，确保电力传输的安全可靠。例如，在沿海地区的变电站，由于经常受到强风的影响，对构支架的抗风能力要求较高，此时门形构支架或π形构支架会通过加强结构设计和选用高强度材料，提高其抗风性能，保障导线的稳定支撑。

4.3.2　构支架的功能与应用

设备构支架在变电站中承担着支撑各类电气设备的重要职责，确保设备能够稳定运行。常见的设备构支架包括断路器构支架、隔离开关构支架、互感器构支架等，它们的设计和制造需要根据所支撑设备的特点和要求进行。例如，断路器支架需要具备足够的强度和刚度，以承受断路器在分合闸过程中产生的冲击力和振动；隔离开关支架则需要保证良好的绝缘性能，防止漏电事故的发生；互感器支架对精度要求较高，以确保互感器的测量准确性。

设备支架的材质种类繁多，常见的有钢材、混凝土和铝合金等。钢材具有强度高、韧性好、施工方便等优点，被广泛应用于各类设备支架的制造。在一些大型变电站中，主变压器的中性点设备支架多采用钢结构，能够承受较大的荷载。混凝土支架则具有耐久性好、成本较低、防火性能优良等特点，适用于对防火要求较高的场合。在一些靠近居民区的变电站，为了提高安全性，部分设备支架采用混凝土材质。铝合金支架具有质量轻、耐腐蚀、美观等优势，常用于对外观要求较高的变电站，如城市中心的变电站。

在实际应用中，设备支架与构支架相互配合，共同构建起变电站的支撑体系。在变电站的电气设备布置中，构支架主要承担母线、导线等的支撑任务，而设备支架则用于支撑各类具体的电气设备，它们之间通过合理的连接和布置，形成一个有机的整体，确保变电站内的电气设备能够正常运行。

4.4 围墙

4.4.1 围墙的作用与类型

围墙作为变电站建（构）筑物的外围防护结构，在保障变电站安全稳定运行方面发挥着多方面的重要作用。从安全防护角度来看，围墙能够有效阻挡无关人员和动物随意进入变电站，防止人为破坏、盗窃以及动物对电气设备的干扰，为变电站设备的正常运行提供安全的物理隔离空间。在某起实际案例中，某变电站周边曾发生不法分子试图闯入盗窃设备零部件的事件，但由于坚固的围墙阻挡，不法分子未能得逞，从而避免了设备损坏和电力供应中断的风险。

在界定范围方面，围墙清晰地划分出变电站的产权边界和管理范围，避免与周边其他单位或个人在土地使用和管理权限上产生纠纷，确保变电站的正常运营秩序。同时，围墙还能在一定程度上抵御外部环境因素对变电站设备的影响，如减少风沙、灰尘等对设备的侵蚀，降低噪声对周边环境的影响，起到环境保护的作用。

根据结构和材质的不同，围墙可分为多种类型，常见的有实体围墙和花格围墙（图 4-4）。

(a) 实体围墙　　　　　　　　　　　　(b) 花格围墙

图 4-4　围墙

实体围墙通常采用砖、混凝土等材料砌筑而成，具有较高的强度和良好的稳定性，能够提供可靠的防护。例如，在一些对安全性要求较高的变电站，采用厚实的砖墙作为围墙，墙厚可达 240mm 以上，配合坚固的基础，能够有效阻挡外力冲击。这种围墙的优点是防护性能强、耐久性好，缺点是通透性较差，不利于通风和采光，且外观相对单调。

花格围墙则采用钢筋混凝土、金属等材料制成各种花格图案，具有一定的装饰性和通透性。在一些城市变电站中，为了与周边环境相协调，常采用花格围墙。其优点是美观大方，能增加变电站的整体美感，同时具有一定的通风和采光效果；缺点是防护性能相对较弱，在一些对安全防护要求极高的场合可能不太适用。此外，还有铁艺围墙，以其精美的造型和良好的装饰性受到青睐，但需注意防锈；木质围墙则具有自然质朴的特点，但耐久性相对较差，在变电站中应用相对较少。

4.4.2　围墙的设计与建设要点

在围墙设计中，高度的确定至关重要，需要综合考虑安全防护要求和周边环境因素。一般来说，变电站围墙的高度不宜低于 2.2m，以有效防止人员翻越。对于一些特殊区域，如靠近居民区或人员活动频繁的地段，围墙高度可适当增加至 2.5m 甚至更高，以增强安全性。在某城市中心的变电站，由于周边居民楼密集，为了保障居民安全和变电站的正常运行，围墙高度设计为2.5m，同时在围墙顶部设置了防攀爬设施，进一步提高了防护效果。

材质选择也直接影响围墙的性能和成本。在选择围墙材质时，需要考虑当地的气候条件、地质状况、经济成本以及美观要求等因素。在气候干燥、风沙较大的地区，宜选用抗风沙侵蚀能力强的混凝土或砖石材料；在地震多发地区，则应优先考虑抗震性能好的结构和材质。例如，在西北地区的变电站，由于风沙大，采用混凝土围墙能够有效抵御风沙侵蚀，保证围墙的长期稳定性；而在沿海地区，由于空气湿度大，易对金属材质造成腐蚀，因此较少选用铁艺围墙，而更多地采用耐腐蚀的混凝土或砖石围墙。

伸缩缝的设置是为了防止围墙因温度变化、地基不均匀沉降等因素而产生裂缝或损坏。伸缩缝的间距应根据围墙的长度、材质以及当地的气候条件等因素合理确定。一般情况下，砖围墙的伸缩缝间距不宜大于30m，混凝土围墙的伸缩缝间距不宜大于20m。在实际施工中，伸缩缝内应填充弹性材料，如沥青麻丝、橡胶条等，以保证伸缩缝的正常伸缩功能，同时防止雨水、杂物等进入缝内，影响围墙的结构安全。例如，在某变电站的混凝土围墙施工中，严格按照设计要求，每隔20m设置一道伸缩缝，缝宽为20mm，填充优质的橡胶条，在多年的运行中，围墙未出现因伸缩问题导致的裂缝和损坏，确保了围墙的稳定性和耐久性。

4.5 边坡

4.5.1 边坡对变电站的影响

在山区建设变电站时，边坡的稳定性对变电站的安全运行起着至关重要的作用。以某山区220kV变电站为例，该变电站位于山坡地带，场地周边存在高陡边坡。在建设初期，由于对边坡稳定性评估不足，仅进行了简单的坡面防护。在一次暴雨过后，边坡出现了局部滑坡现象，滑坡体直接冲向变电站围墙，导致部分围墙倒塌，同时对站内的电缆沟和部分设备基础造成了不同程度的损坏，影响了变电站的正常运行，造成了较大的经济损失。

边坡稳定性不足可能引发多种安全隐患。当边坡发生滑坡时，巨大的滑坡体可能直接冲击变电站的建（构）筑物，如围墙、设备基础等，导致结构损坏，影响设备的正常运行。滑坡还可能破坏变电站的电缆线路、通信线路等基础设施，造成电力供应中断和通信故障。此外,边坡的坍塌还可能掩埋站内设备,增加设备抢修和恢复供电的难度。

在地震等自然灾害作用下,边坡的稳定性问题会更加突出。地震产生的地震波会使边坡土体的应力状态发生改变,导致土体的抗剪强度降低,增加边坡失稳的风险。例如,在某次地震中,某变电站周边边坡因地震作用发生坍塌,大量土石滑落至变电站内,损坏了部分电气设备,严重影响了变电站的正常运行,给当地的电力供应带来了极大的困难。因此,在变电站建设和运营过程中,必须高度重视边坡稳定性对变电站安全运行的影响,采取有效的措施确保边坡的稳定。

4.5.2 边坡处理措施

为确保边坡的稳定性,保障变电站的安全运行,需要采取一系列有效的边坡处理措施。在边坡加固方面,常用的方法有挡土墙加固和锚杆加固。挡土墙是一种常用的边坡加固结构,它通过自身的重力或结构强度来抵抗土体的侧压力,防止边坡土体滑动。在某变电站的边坡处理中,采用了重力式挡土墙,挡土墙采用 C30 混凝土浇筑,墙高 5m,墙底宽度 3m,墙面设置了排水孔,以排除墙后土体中的积水,减小水压力对挡土墙的影响。这种挡土墙结构简单,施工方便,成本相对较低,能够有效地增强边坡的稳定性。

锚杆加固则是通过在边坡土体中钻孔,插入锚杆并施加预应力,将土体与稳定的岩体或土体连接在一起,提高土体的抗滑能力。在某山区变电站的边坡处理中,采用了锚杆加固技术,锚杆长度为 8m,间距为 2m,梅花形布置。通过对锚杆施加预应力,使土体形成一个整体,有效地提高了边坡的稳定性。在施工过程中,严格控制锚杆的钻孔深度、角度和预应力施加值,确保锚杆的加固效果。

排水措施也是边坡处理的重要环节。边坡的排水主要包括地表排水和地下排水。地表排水通常采用设置截水沟、排水沟等方式,将边坡表面的雨水迅速引离边坡,防止雨水渗入土体,降低土体的抗剪强度。在某变电站的边坡处理中,在边坡顶部和坡面设置了截水沟和排水沟,截水沟采用浆砌片石砌筑,断面尺寸为 0.5m×0.5m;排水沟采用混凝土浇筑,断面尺寸为 0.4m×0.3m。通过合理的坡度设计,确保雨水能够顺利排出。

地下排水则通过设置排水孔、盲沟等设施,排除土体中的地下水,降低地下水位,减小水压力对边坡的影响。在某变电站的边坡处理中,在坡体内设置了排水孔，排水孔采用直径50mm的PVC管，间距为3m，呈梅花形布置，管外包裹滤网，防止泥土堵塞排水孔。同时，在坡脚设置了盲沟，盲沟采用碎石填充，外包土工布，将排水孔排出的地下水引至排水系统。在实施这些处理措施时，要严格按照设计要求和施工规范进行操作，确保处理效果。

4.6 装配式站房（钢结构）

4.6.1 装配式站房的优势

变电站装配式站房（图4-5）作为一种现代化的建设模式，在电力行业中的应用日益广泛，其优势显著，不仅体现在建设效率、成本控制方面，还深刻影响着环境友好性和运维管理的便捷性。

图4-5 变电站装配式站房

传统变电站建设方式往往涉及现场浇筑、焊接等多个复杂工序，不仅施工周期长，还易受天气、人工等因素影响，导致项目进度难以控制。相比之下，装配式站房采用预制构件，在工厂内完成主要结构的生产，如墙体、屋顶、设备基础等，这些构件经过严格的质量控制后，直接运输至施工现场进行组装。这种"像搭积木一样"的建设方式，极大地减少了现场湿作业量，缩短了施工周期，通常可将建设时间缩短30%~50%。

高效的建设速度不仅意味着更快的电力供应恢复或新增能力投入运营，还减少了因长时间施工对周边环境及居民生活的影响，提升了社会满意度。此外，装配式站房的建设过程标准化程度高，构件尺寸精确，安装简便，减少了因人为操作失误导致的返工现象，进一步保证了工程质量和建设效率。对于紧急情况下的快速响应，如灾后重建或临时供电需求，装配式站房更是展现出无可比拟的优势，能够迅速搭建起临时或永久的电力供应设施，保障社会稳定和经济运行。

在成本控制方面，变电站装配式站房同样表现出色。首先，预制构件在工厂规模化生产，能够充分利用规模经济效应，降低材料成本和制造成本。相比现场施工，工厂环境更有利于质量控制，减少了因质量问题导致的额外修复成本。其次，装配式站房减少了现场施工人员数量和对高级技工的依赖，降低了人力成本。同时，由于建设周期的缩短，资金占用时间减少，资金成本相应降低，这对于资金密集型的电力行业尤为重要。此外，装配式站房在设计阶段就充分考虑了模块化、标准化原则，使得设计方案具有较高的复用性和灵活性，便于根据不同地区的实际需求进行快速调整和优化。这种设计思路不仅提高了设计效率，减少了设计成本，还为后续运维管理提供了便利。例如，通过标准化的接口设计，设备的更换和升级变得更加简单快捷，降低了长期运维成本。综上所述，装配式站房通过优化资源配置，实现了从设计到施工再到运维的全链条成本控制，显著提高了项目的整体经济效益。

在环境保护和可持续发展日益受到重视的今天，变电站装配式站房以其独特的环境友好性成为电力行业绿色转型的重要推手。装配式站房的构件生产大多采用环保材料，且工厂化生产相比现场施工能更有效地控制废弃物排放和能源消耗。施工现场湿作业的大幅减少，意味着噪声、粉尘污染显著降低，对周边生态环境的影响降到最低。

更重要的是，装配式站房易于拆卸和重建，为未来的变电站改造或升级提供了极大的灵活性，减少了因拆除旧站房产生的建筑垃圾，符合循环经济理念。同时，模块化设计便于根据未来电力需求的变化进行灵活扩容或缩减，避免了过度建设造成的资源浪费，实现了资源的有效利用和环境的可持续保护。对于企业而言，采用装配式站房不仅是对社会责任的积极履行，也是提升品牌形象、增强市场竞争力的重要途径。它向外界传递了企业致力于技术创新、绿色发展的正面形象，有助于吸引更多合作伙伴和客户，共同推动电力行业向更加环保、高效的方向发展。

4.6.2 钢结构的特点与应用

近年来，随着建筑工业化与绿色建造理念的深入人心，钢结构装配式站房在变电站建设中得到了广泛应用，以其独特的优势展现出强大的生命力和广阔的应用前景。

钢结构装配式站房的核心在于"预制"与"装配"。传统变电站建设通常需要大量的现场湿作业，如混凝土浇筑、钢筋绑扎等，这些工序不仅耗时费力，还易受天气、人工技能水平等多种因素影响，导致建设周期长、质量控制难度大。而钢结构装配式站房则通过工厂化生产预制构件，如钢梁、钢柱、墙板、屋面板等，并在工厂内完成大部分的加工和组装工作，再将这些预制构件运输到施工现场进行快速安装。这种方式极大地减少了现场湿作业量，缩短了建设周期，提高了建设效率。同时，由于预制构件在工厂内生产，可以充分利用先进的生产设备和技术手段，实现构件的精确加工和严格的质量控制，从而确保了变电站结构的稳定性和安全性。

钢结构装配式站房在变电站中的应用，不仅体现在建设效率的提升上，更在于其出色的综合性能。钢结构具有轻质高强、抗震性能好、耐腐蚀性强等特点，这使得钢结构装配式站房在承受相同荷载时，所需的材料更少，结构更轻便，基础处理更为简单，从而降低了建设成本。此外，钢结构装配式站房的抗震性能尤为突出，在地震等自然灾害发生时，能够有效减少结构破坏，保障变电站的安全运行。在环保方面，钢结构装配式站房也展现出了显著优势。由于构件在工厂内生产，可以实现材料的有效利用和废弃物的集中处理，减少了建筑垃圾的产生和对环境的污染。同时，钢结构构件可以重复利用，符合绿色建筑的理念，有助于实现建筑行业的可持续发展。

在变电站的具体应用中，钢结构装配式站房还展现出了高度的灵活性和适应性。变电站的建设往往受到地理位置、环境条件、政策要求等多种因素的制约，而钢结构装配式站房可以根据不同的需求进行定制化设计，满足不同变电站的个性化要求。例如，在地震多发地区，可以采用更加抗震的钢结构设计和连接技术，提高变电站的抗震性能；在气候寒冷地区，可以在墙体和屋面板中增加保温隔热材料，提高变电站的保温性能。此外，钢结构装配式站房还可以实现快速扩容和改造，随着电力需求的增长和电网结构的调整，可以方便地增加新的设备或调整原有设备的布局，而无须对整个变电站进行大规模的改造。这种灵活性不仅提高了变电站的适应性，也降低了未来的运维成本。

在具体实践中，钢结构装配式站房已经取得了显著的成效。许多变电站项目通过采用钢结构装配式站房，成功实现了建设周期的缩短和工程质量的提升。例如，一些大型变电站项目在采用钢结构装配式站房后，建设周期比传统建设方式缩短了近一半，同时工程质量也得到了有效控制，确保了变电站的顺利投运和稳定运行。此外，钢结构装配式站房的应用还促进了相关产业链的发展，带动了钢铁、机械制造、建筑材料等多个行业的协同发展，为经济社会的可持续发展做出了积极贡献。

钢结构装配式站房以其高效、环保、灵活、安全等特点，在变电站建设中展现出强大的生命力和广阔的应用前景。随着技术的不断进步和应用的深入，钢结构装配式站房将在保障电力安全稳定供应、促进经济绿色发展方面发挥更加重要的作用。

4.7 变电站建（构）筑物的选址难题

4.7.1 选址困难的多维度因素

（1）社会因素

在变电站选址过程中，社会因素带来的阻碍不可轻视。居民对变电站建设的反对情绪是一个突出问题，这背后有着复杂的原因。随着公众自我保护意识的增强，对健康和生活环境的关注度不断提高，部分居民对变电站可能产生的电磁辐射、噪声污染等危害存在担忧。尽管科学研究表明，符合标准建设和运行的变电站对人体健康和环境的影响在安全范围内，但这种担忧仍然普遍存在。在一些城市，当规划在居民区附近建设变电站时，往往会引发居民的强烈反对。

媒体的宣传在一定程度上也加剧了居民的担忧。部分媒体在报道变电站相关事件时，可能存在夸大其词、片面解读的情况，缺乏科学客观的分析，从而误导了公众。例如，某些媒体在报道变电站建设时，过度强调电磁辐射的危害，而没有对其进行科学的解释和说明，使得公众对变电站产生恐惧心理，进一步增加了选址的难度。

开发商的隐瞒行为也给变电站选址带来了困扰。在一些房地产开发项目中，开发商为了提高房屋的销售价格和销售量，故意隐瞒周边规划建设变电站的信息。当居民入住后得知这一情况时，往往会感到被欺骗，从而对变电站建设产生抵触情绪。这种行为不仅损害了居民的知情权，也破坏了公众对变电站建设的信任，使得选址工作更加艰难。

政府规划信息的不透明也是一个重要问题。在变电站选址规划过程中，如果政府部门未能及时、全面地向公众公开相关信息，包括选址的依据、建设标准、环保措施等，就容易引发公众的猜疑和误解。公众可能会认为政府的决策缺乏科学性和公正性，从而对变电站建设产生反对意见。例如，某地区在变电站选址规划时，没有充分征求周边居民的意见，也没有及时公开相关信息，导致居民在项目公示时才得知消息，引发了居民的不满和抗议。

(2) 经济因素

经济因素在变电站选址中起着关键作用，直接影响着选址的决策和项目的可行性。土地成本是选址时需要考虑的重要经济因素之一。在城市中，尤其是经济发达的大城市，土地资源稀缺，地价昂贵。在这些地区选址建设变电站，土地购置成本往往很高，这会大幅增加项目的整体投资。例如，在一线城市的核心区域，每平方米土地价格可能高达数万元甚至更高，获取一块合适的变电站建设用地，仅土地成本就可能达到数千万元甚至上亿元，这对于电力企业来说是一笔巨大的开支。

拆迁赔偿费用也是一项不可忽视的经济负担。如果选址区域存在建筑物或其他设施需要拆迁，就需要支付大量的拆迁赔偿费用。拆迁赔偿涉及被拆迁人的房屋补偿、搬迁安置费用、停产停业损失等多个方面，赔偿标准通常较高。在一些老旧城区，拆迁赔偿费用可能会超出土地本身的价值，进一步增加了建设成本。某城市在进行变电站选址时，由于选址区域内有部分居民住宅和商业店铺需要拆迁，拆迁赔偿费用高达数千万元，使得项目的经济可行性受到严重影响。

建设成本同样对选址有着重要影响。不同的选址地点，地质条件、地形地貌、交通便利性等因素各不相同，这些因素会直接影响到变电站的建设成本。在地质条件复杂的地区，如软土地基、岩溶地区等，需要进行特殊的地基处理，这会增加地基处理的费用和施工难度。在山区等地形复杂的区域，交通不便，建筑材料的运输成本高，施工难度大，也会导致建设成本大幅增加。某山区变电站建设项目，由于交通不便，建筑材料需要通过小型车辆多次转运才能到达施工现场，运输成本比平原地区高出数倍，同时施工难度的增加也导致施工周期延长，进一步增加了建设成本。

运行成本也是选址时需要考虑的经济因素之一。变电站的运行成本包括设备维护费用、能源消耗费用、人员管理费用等。选址时应考虑到周边环境对运行成本的影响，如在偏远地区，由于交通不便，设备维护和检修的难度较大，维护成本会相应增加；在能源供应不稳定的地区，可能需要配备备用电源，这也会增加能源消耗和运行成本。在一些偏远山区的变电站，由于交通不便，设备维护人员前往变电站进行维护的时间和成本较高，同时为了保证变电站的正常运行，需要配备更多的备用设备和应急物资，进一步增加了运行成本。

4.7.2 地质条件复杂性的挑战

（1）不良地质条件分析

岩溶、软土、滑坡等不良地质条件对变电站建设和运行构成严重威胁。岩溶地区的溶洞和溶蚀裂隙广泛分布，给变电站的基础施工带来极大困难。溶洞的存在可能导致地基塌陷，使设备基础下沉、倾斜，危及电气设备的安全运行。例如，在某岩溶地区的变电站建设项目中，由于前期地质勘察不够详细，未能准确查明地下溶洞的分布情况，在施工过程中，部分设备基础突然出现塌陷，导致已安装的设备受损，不得不重新进行地基处理和基础施工，不仅延误了工期，还增加了大量的建设成本。

软土地基具有含水量高、孔隙比大、压缩性高、强度低等特点，难以承受变电站设备的巨大荷载。在软土地基上建设变电站，容易出现地基沉降过大、不均匀沉降等问题，影响变电站建（构）筑物的稳定性。例如，某变电站建在软土地基上，运行一段时间后，站房出现了明显的倾斜，墙体出现裂缝，严重影响了站房的正常使用和设备的安全运行。经检测分析，是由于软土地基的压缩变形导致了不均匀沉降。

滑坡则是山区变电站面临的主要地质灾害之一。山坡上的土体或岩体在重力、地下水、地震等因素的作用下，可能发生整体滑动。滑坡一旦发生，巨大的滑坡体可能直接冲击变电站的建（构）筑物，造成围墙倒塌、设备基础损坏、电气设备毁坏等严重后果，导致变电站停电，影响电力供应。如某山区变电站附近的山体在暴雨后发生滑坡，滑坡体冲入变电站内，损坏了多台电气设备，导致该地区大面积停电,给当地的生产和生活带来了极大的不便。

(2) 应对复杂地质条件的策略

面对复杂的地质条件,需要采取一系列科学有效的应对策略。地质勘察是应对复杂地质条件的首要环节,通过详细的地质勘察,可以全面了解变电站选址区域的地质情况,为后续的设计和施工提供准确的依据。在勘察过程中,应综合运用多种勘察手段,如钻探、物探、地质测绘等。钻探可以直接获取地下岩土的物理力学性质指标,了解地层结构和岩土特性;物探则可以利用地球物理方法,快速、大面积地探测地下地质构造和异常体,如高密度电法可用于探测岩溶洞穴、地质雷达可用于探测地下管线和空洞等;地质测绘可以对地表地质现象进行详细观察和记录,分析地质构造和地层分布规律。

地基处理是确保变电站建(构)筑物稳定性的关键措施。对于岩溶地基,可采用灌浆、强夯、置换等方法进行处理。灌浆是将水泥浆或其他化学浆液注入溶洞和溶蚀裂隙中,填充空洞,提高地基的强度和稳定性;强夯则是通过重锤自由落下产生的强大冲击力,夯实地基,消除地基的不均匀性;置换是将溶洞内的软弱填充物挖出,用强度较高的材料进行置换,如用砂石、灰土等。在某岩溶地区变电站地基处理中,采用了灌浆和强夯相结合的方法,先对溶洞进行灌浆处理,填充空洞,然后进行强夯,使地基得到进一步加固,经过处理后的地基满足了变电站建设的要求。

对于软土地基,常用的处理方法有排水固结法、复合地基法、换填法等。排水固结法是通过设置排水体,如砂井、塑料排水板等,加速软土中水分的排出,使土体逐渐固结,提高地基强度;复合地基法是在软土地基中设置增强体,如水泥土搅拌桩、CFG桩等,与土体共同承担荷载,提高地基的承载能力;换填法是将软土层挖除,换填强度较高的材料,如灰土、碎石等。在某软土地基变电站建设中,采用了CFG桩复合地基处理方法,通过在软土地基中设置CFG桩,与桩间土共同形成复合地基,有效提高了地基的承载能力和稳定性,满足了变电站设备基础的承载要求。

基础选型也需要根据地质条件进行合理选择。在岩溶地区,可采用桩基础、筏板基础等。桩基础可以穿过溶洞等不良地质体,将荷载传递到稳定的基岩上;筏板基础则具有较好的整体性和抗变形能力,能够跨越较小的溶洞和溶蚀裂隙。在软土地基上,可采用桩基础、箱形基础等。桩基础可以有效减少地基沉降,箱形基础则具有较大的刚度和稳定性,能够抵抗不均匀沉降。在某山区变电站建设中,由于场地存在滑坡隐患,采用了抗滑桩与挡土墙相结合的基础形式,通过抗滑桩抵抗滑坡的推力，挡土墙防止土体滑动，确保了变电站建（构）筑物的安全稳定。

4.8 变电站建（构）筑物结构健康监测仪器的设置原则

4.8.1 基于监测目标的仪器选择

(1) 确定监测参数

在变电站建（构）筑物结构健康监测中，准确确定监测参数是至关重要的第一步。不同的建（构）筑物组成部分，由于其功能、结构特点以及在变电站运行中的作用各异，所需要监测的参数也不尽相同。

对于设备基础而言，应力和应变是关键的监测参数。主变压器基础在承受主变压器巨大重量和运行时产生的动态荷载作用下，基础内部会产生复杂的应力应变分布。通过监测应力和应变，可以及时了解基础的受力状态，判断其是否处于安全运行范围。当主变压器基础的应力超过设计允许值时，可能预示着基础存在损坏的风险，需要及时采取措施进行加固或调整。应变的变化情况也能反映基础材料的变形程度，对于评估基础的长期稳定性具有重要意义。

位移监测对于设备基础同样不可或缺。不均匀的位移可能导致设备基础倾斜，进而使设备出现异常运行状态，如主变压器倾斜可能影响其内部绕组的正常工作，增加设备故障的风险。因此，实时监测设备基础的位移，能够及时发现潜在的安全隐患，为设备的安全运行提供保障。

构支架在变电站中主要承受导线、母线以及自身结构的重量，同时还要抵御风荷载、地震作用等外部荷载。应力和应变监测能够帮助了解构支架在各种荷载作用下的力学响应，判断其结构是否处于弹性工作状态。当应力和应变超过一定范围时，构支架可能会发生塑性变形甚至破坏，影响变电站的正常运行。

振动监测对于构支架也具有重要意义。在强风、地震等自然灾害或电气设备故障产生的异常振动作用下，构支架的振动响应能够直观反映其结构的动态特性和稳定性。通过监测振动参数，如振动频率、振幅等，可以评估构支架在不同工况下的抗振能力，为结构的抗震设计和加固提供依据。

围墙虽然相对简单，但在一些情况下，如遭受外力撞击、地基不均匀沉降等，也可能出现裂缝、倾斜等问题。位移和裂缝监测可以及时发现围墙的这些异常情况。位移监测能够反映围墙整体的变形情况，而裂缝监测则可以关注围墙表面是否出现裂缝以及裂缝的发展趋势。当围墙出现较大位移或裂缝扩展时，可能会失去其防护功能，需要及时进行修复或加固。

在山区变电站，边坡的稳定性直接关系到变电站的安全。位移监测是边坡监测的重要参数之一，通过监测边坡表面和内部的位移变化，可以了解边坡土体的移动趋势。当位移超过一定阈值时，可能预示着边坡即将发生滑坡等地质灾害，需要及时采取相应的防护措施。

倾斜监测也能有效反映边坡的稳定性。边坡的倾斜角度变化可以直观地表明边坡土体的稳定性状态，对于及时发现边坡潜在的失稳风险具有重要作用。

对于装配式站房（钢结构），通过应力和应变监测可以了解钢结构在各种荷载作用下的受力情况，确保结构的强度和稳定性满足要求。由于钢结构的材料特性和连接方式，其在受力过程中的应力和应变分布较为复杂，通过精确的监测可以及时发现结构的薄弱部位，采取相应的加固措施。

振动监测在装配式站房（钢结构）中也具有重要作用。在大风、地震等自然灾害或设备运行产生的振动作用下，监测站房的振动响应可以评估结构的抗震性能和抗风性能。同时，通过对振动数据的分析，还可以判断结构是否存在松动、连接失效等问题，及时进行维护和修复。

（2）选择合适仪器

确定监测参数后，根据不同参数的特点和监测要求，选择合适的监测仪器是实现有效监测的关键。

应变计是监测应力和应变的常用仪器，主要有电阻应变计、光纤应变计和振弦式应变计等类型。电阻应变计利用金属片或箔片的电阻值随应变程度变化的原理进行测量，具有高精度、高灵敏度及易于多点测量的优点，能够准确反映被测物体的应变情况。在监测主变压器基础的应变时，电阻应变计可以精确测量基础在不同荷载作用下的应变变化，为分析基础的受力状态提供准确数据。然而，电阻应变计对温度和湿度较为敏感，可能影响测量结果的准确性，且其输出信号较弱，需要放大和处理后才能进行后续分析。在实际应用中，需要采取相应的温度补偿措施，以消除温度变化对测量结果的影响。

光纤应变计基于光纤传感技术，通过测量光纤中光信号传输特性的变化来感知外部应变。该技术具有高精度、高灵敏度和抗电磁干扰等显著优势，特别适用于电磁环境复杂的变电站场合。在变电站中，存在大量的电气设备，电磁环境复杂，光纤应变计能够不受电磁干扰的影响，稳定地测量构支架等的应变。然而，光纤的安装和维护需要专业技能，成本相对较高，且光纤的抗拉强度有限，可能不适用于极端环境。在安装光纤应变计时，需要专业的技术人员进行操作，确保光纤的安装质量，以保证测量的准确性。

振弦式应变计利用振弦的振动频率变化来反映被测物体的应变。其结构简单、工作可靠，输出信号为标准的频率信号，便于远距离传输和计算机处理。振弦式应变计稳定性好，不易受外界因素干扰，且响应速度快，能够在短时间内多次测量。此外，它安装方便、易于维护，特别适用于长期埋设在混凝土结构物内，进行内部应变测量。在监测设备基础内部的应变时，振弦式应变计可以长期稳定地工作，为评估基础的长期性能提供可靠数据。

位移计用于监测位移，常见的有线性可变差动变压器（LVDT）位移计、激光位移计等。LVDT 位移计通过电磁感应原理，将位移变化转换为电信号输出，具有精度高、线性度好、可靠性强等优点，适用于常规的位移监测场景。在监测设备基础的位移时，LVDT 位移计可以精确测量基础的微小位移变化，及时发现基础的异常情况。激光位移计则利用激光的反射原理，非接触式地测量物体的位移，具有测量精度高、响应速度快、测量范围广等特点，尤其适用于对测量精度要求较高或难以接触测量的场合。在监测构支架的位移时，由于构支架通常位于高处，难以直接接触测量，激光位移计可以通过远距离测量，准确获取构支架的位移数据。

加速度传感器是监测振动的重要仪器，根据工作原理可分为压电式加速度传感器、压阻式加速度传感器等。压电式加速度传感器利用压电材料在受到加速度作用时产生电荷的特性进行测量，具有灵敏度高、频率响应宽、动态范围大等优点，广泛应用于振动监测领域。在监测变电站构支架在地震等自然灾害作用下的振动响应时，压电式加速度传感器能够快速准确地测量振动加速度，为评估构支架的抗震性能提供重要数据。压阻式加速度传感器则基于压阻效应，通过测量电阻的变化来检测加速度，具有体积小、重量轻、成本低等特点，适用于对成本和体积有严格要求的场合。在一些对监测精度要求不是特别高，但需要大量布置传感器的场景中，压阻式加速度传感器可以作为一种经济实用的选择。

在选择监测仪器时，除了考虑仪器的性能参数外，还需要综合考虑监测环境、安装条件、成本等因素。在电磁环境复杂的变电站内，应优先选择抗电磁干扰能力强的仪器；对于安装空间有限的部位，需要选择体积小巧的仪器；同时，还需要根据项目的预算，在保证监测精度和可靠性的前提下，选择性价比高的仪器。

4.8.2 仪器布置的关键要点

(1) 重点部位布置

在变电站建（构）筑物结构健康监测中，梁柱节点、基础、关键构件等重点部位的仪器布置至关重要，直接关系到监测数据的有效性和准确性，对于及时发现结构安全隐患、保障变电站的稳定运行起着关键作用。

梁柱节点作为力的传递和转换关键部位，在变电站建（构）筑物的结构体系中承担着重要角色。以某220kV变电站的构支架为例，其梁柱节点在承受导线、母线以及自身结构的重量时，还需抵御风荷载、地震作用等外部荷载，受力情况极为复杂。在该节点处布置应变计和位移计，能够实时监测节点在不同工况下的应力、应变和位移变化情况。通过对这些数据的分析，可以准确了解节点的受力状态，判断其是否处于安全工作范围。当应力和应变超过设计允许值或位移出现异常变化时，能够及时发出预警信号，为采取相应的加固或维修措施提供依据。在实际布置应变计时，需根据节点的结构形式和受力特点，合理选择应变计的类型和安装位置，确保能够准确测量到关键部位的应变。对于复杂的节点，可能需要布置多个应变计，以获取更全面的应变信息。

基础是变电站建（构）筑物的根基，其稳定性直接影响到整个结构的安全。在主变压器基础等关键基础部位，布置应力和应变监测仪器及沉降监测仪器是必不可少的。主变压器基础在承受主变压器巨大重量和运行时产生的动态荷载作用下，基础内部会产生复杂的应力和应变分布，同时可能会出现沉降现象。通过在基础内部和表面布置振弦式应变计及沉降观测标，可以实时监测基础的应力、应变和沉降情况。在某变电站主变压器基础监测中，通过振弦式应变计的监测数据发现，在一次设备检修后，基础的应力出现了异常变化，经过进一步检查，发现是由于设备安装位置的调整导致了基础受力不均。及时采取了相应的调整措施后，基础应力恢复正常，避免了潜在的安全隐患。沉降观测标则可以实时监测基础的沉降量和沉降速率，当沉降量超过允许值时，能够及时发现并采取措施进行处理，防止因基础沉降导致设备倾斜、移位等问题。

关键构件，如支撑重要电气设备的构支架梁、柱等，其健康状况直接关系到电气设备的正常运行。在这些关键构件上布置振动监测仪器和应力应变监测仪器，能够实时掌握构件的动态响应和受力状态。在某变电站的抗震改造项目中，对关键构支架梁、柱布置了加速度传感器和电阻应变计。在一次地震模拟试验中，通过加速度传感器监测到构件的振动响应超过了设计标准，同时电阻应变计测量到的应力也接近了材料的屈服强度。根据这些监测数据，及时对构件进行了加固处理，提高了其抗震能力，确保了在后续的地震中，变电站能够安全运行。

(2) 全面覆盖与优化仪器布置

在变电站建（构）筑物结构健康监测中，实现全面覆盖与优化仪器布置是确保监测系统有效性和高效性的关键策略。全面覆盖旨在对建（构）筑物的各个关键部位和区域进行监测，以获取全面的结构健康信息；而优化仪器布置则是在满足全面监测的基础上，通过合理规划仪器的类型、数量和位置，提高监测效率和准确性，降低监测成本。

为了实现全面覆盖，需要对变电站建（构）筑物的不同组成部分进行针对性的监测。在设备基础方面，除了主变压器基础外，还应对其他重要电气设备基础，如断路器、隔离开关、互感器等设备基础，进行应力、应变和位移监测。通过在这些基础上均匀布置应变计和位移计，能够全面了解设备基础在各种工况下的受力和变形情况。在某变电站的设备基础监测中，对多个断路器基础进行了应力和应变监测，发现其中一个基础在长期运行后出现了应力集中现象，通过进一步分析，确定是由于基础设计时对该设备的振动荷载考虑不足导致的。及时采取了加固措施，避免了基础损坏对设备运行的影响。

对于构支架，不仅要监测梁柱节点和关键构件，还应在不同高度和位置布置监测仪器，以全面掌握构支架的整体受力和变形情况。在某 500kV 变电站的构支架监测中，在构支架的不同高度和不同方向布置了应变计、位移计和加速度传感器。通过这些仪器的监测数据，能够全面分析构支架在风荷载、地震作用等不同工况下的受力和变形规律，为构支架的维护和加固提供了全面的依据。

围墙和边坡虽然相对独立，但也是变电站建（构）筑物的重要组成部分，需要进行全面监测。在围墙的不同位置布置位移计和裂缝监测仪，能够及时发现围墙的变形和裂缝情况。在某变电站的围墙监测中，通过位移计发现围墙的一角出现了位移异常，经过检查，是由于周边施工对围墙基础造成了影响。及时采取了防护措施，避免了围墙倒塌对变电站安全的威胁。在边坡监测中，除了位移和倾斜监测外，还应在不同深度布置监测仪器，以了解边坡土体内部的变形情况。在某山区变电站的边坡监测中，通过在不同深度布置位移计，发现边坡土体在一定深度范围内出现了滑动迹象，及时采取了加固措施，防止了滑坡事故的发生。

在实现全面覆盖的基础上，优化仪器布置能够提高监测效率和准确性。在仪器类型选择上，应根据监测部位的特点和监测参数的要求，选择最合适的仪器。在监测主变压器基础的应变时，由于电阻应变计具有高精度、高灵敏度的特点，能够准确测量基础在不同荷载作用下的应变变化，因此是较为合适的选择；而在监测构支架的振动时，压电式加速度传感器具有灵敏度高、频率响应宽、动态范围大的优点，能够快速准确地测量振动加速度，更适合用于该场景。

在仪器数量确定方面，应避免过度布置或布置不足的情况。过度布置仪器会增加监测成本，同时可能导致数据冗余，影响数据分析的效率；而布置不足则可能无法全面获取结构健康信息，导致安全隐患无法及时发现。在某变电站的构支架监测中，最初布置的仪器数量较少，无法全面掌握构支架在不同工况下的受力和变形情况。经过重新评估和优化，增加了部分关键部位的仪器数量，从而能够更准确地监测构支架的结构健康状况。

在仪器位置确定上，应选择能够最准确反映监测部位结构状态的位置。在监测梁柱节点的应力和应变时，应将应变计布置在节点的关键受力部位，如节点的边缘或应力集中区域；在监测边坡位移时，应将位移计布置在边坡的表面和潜在滑动面附近，以获取最准确的位移信息。通过合理选择仪器位置，能够提高监测数据的准确性，为结构健康评估提供更可靠的依据。

4.8.3 考虑系统集成与维护

(1) 系统集成要求

在变电站建（构）筑物结构健康监测系统中，仪器与数据采集、传输、处理设备的集成是确保系统高效运行的关键环节。数据采集设备作为连接监测仪器与后续处理环节的桥梁，须具备与各类监测仪器相适配的接口，以实现稳定的数据传输。对于电阻应变计、光纤应变计等不同类型的应变监测仪器，数据采集设备应分别配置相应的电阻信号采集模块和光纤信号采集模块。电阻应变计输出的微弱电阻变化信号，需要通过高精度的电阻信号采集模块进行放大和转换，使其成为适合后续传输和处理的标准电信号；而光纤应变计输出的光信号，则需要专门的光纤信号采集模块进行解调，将光信号转换为电信号。在某变电站的结构健康监测系统中，数据采集设备配备了 8 通道的电阻信号采集模块和 4 通道的光纤信号采集模块，能够同时采集多个电阻应变计和光纤应变计的数据，满足了该变电站对不同类型应变监测的需求。

数据传输环节需根据监测系统的规模和布局，合理选择传输方式和设备。在传输距离较短、数据量较小的情况下，可采用 RS485 总线进行数据传输。RS485 总线具有传输距离远、抗干扰能力强等优点，能够在一定范围内稳定传输数据。在某小型变电站的监测系统中，各监测仪器与数据采集设备之间的距离较近，采用 RS485 总线进行数据传输，通过双绞线将各仪器的数据传输至数据采集设备，实现数据的可靠传输。

对于传输距离较远、数据量较大的情况，以太网或无线传输技术更为适用。以太网具有传输速度快、带宽大的特点，能够满足大数据量的实时传输需求。在一些大型变电站中，由于监测点分布范围广，数据量较大，采用以太网进行数据传输。通过在变电站内铺设光纤网络，将各监测点的数据采集设备连接至以太网交换机，实现数据的快速传输。无线传输技术则具有安装便捷、灵活性高的优势，在一些难以布线的区域，如山区变电站的边坡监测中，可采用无线传感器网络进行数据传输。通过无线传输模块将监测数据发送至基站，再由基站将数据传输至数据处理中心。在某山区变电站的边坡监测中，采用 ZigBee 无线传感器网络，实现了对边坡位移、倾斜等参数的实时监测，有效解决了布线困难的问题。

数据处理设备应具备强大的数据处理能力和分析功能，能够对采集到的大量数据进行实时分析和处理。利用专业的数据分析软件，采用数据挖掘、机器学习等技术，对监测数据进行深度分析，提取有价值的信息。在某变电站的监测系统中，数据处理设备采用了高性能的服务器，运行专业的数据分析软件，能够对采集到的应力、应变、位移、振动等数据进行实时分析。通过建立数据模型，对变电站建（构）筑物的结构健康状况进行评估和预测，及时发现潜在的安全隐患。

为确保系统集成的稳定性和可靠性，还需进行严格的兼容性测试和调试。在系统集成过程中，对不同厂家、不同型号的监测仪器、数据采集设备、传输设备和数据处理设备进行兼容性测试，检查各设备之间的接口是否匹配、通信是否正常。在某变电站的监测系统建设中，对选用的监测仪器和数据采集设备进行了兼容性测试，发现某品牌的位移计与数据采集设备的接口存在不匹配的问题，经过更换接口模块和调试，解决了兼容性问题，确保了系统的正常运行。同时，对系统进行全面的调试，优化系统参数，提高系统的性能和稳定性。

（2）维护便利性设计

在变电站建（构）筑物结构健康监测系统的设计中，充分考虑维护便利性是保障系统长期稳定运行的重要因素。合理的仪器布置能够方便后期的维护和故障排查。在仪器选型时，应优先选择易于安装和拆卸的仪器，减少维护工作量。对于需要定期校准和维护的仪器，应设置在便于操作的位置，确保维护人员能够方便地进行操作。在某变电站的监测系统中，将加速度传感器安装在构支架的节点处，采用磁吸式安装方式，方便维护人员在需要时进行拆卸和校准。同时，在传感器周围预留了足够的操作空间，便于维护人员进行检查和维修。

监测系统应具备完善的故障诊断和报警功能，以便及时发现和处理故障。通过设置故障诊断算法，对监测数据进行实时分析，当发现数据异常或设备故障时，及时发出报警信号。在某变电站的监测系统中，当位移计的数据出现异常波动时，系统自动触发故障诊断程序，通过对数据的分析和比对，判断可能是位移计的传感器出现故障。系统立即发出报警信号，通知维护人员进行处理。维护人员根据报警信息，迅速定位故障点，及时更换了故障传感器，恢复了监测系统的正常运行。

维护人员能够通过监测系统的界面，直观地了解故障类型和位置，快速采取相应的措施。在监测系统的软件设计中，应设置清晰的故障提示界面，显示故障设备的名称、位置和故障类型等信息。同时，提供故障处理的指导建议，帮助维护人员快速解决故障。在某变电站的监测系统中，当出现故障时，系统界面会弹出故障提示窗口，显示故障设备的具体位置和故障原因，如"某号应变计通信故障"，并提供相应的解决方法，如"检查应变计与数据采集设备之间的连接线路"。

此外，还应制定详细的维护计划和操作规程，明确维护人员的职责和工作流程。定期对监测仪器和系统设备进行检查、校准和维护，确保其性能稳定可靠。在某变电站的监测系统维护计划中，规定了每月对监测仪器进行一次外观检查，每季度进行一次校准，每年对系统设备进行一次全面的维护和保养。同时，制定了详细的操作规程，指导维护人员在进行维护工作时，按照正确的步骤进行操作，避免因操作不当导致设备损坏或数据丢失。

4.9 变电站建（构）筑物结构健康监测设计控制标准

4.9.1 相关标准与规范解读

（1）国内标准分析

在国内，《结构健康监测系统设计标准》（CECS 333—2012）是指导变电站结构健康监测系统设计的重要标准。该标准明确规定了传感器的选择和布置原则，要求根据结构的特点、监测目的和环境条件，合理选择传感器的类型、数量和安装位置，以确保能够准确获取结构的关键参数。在变电站构支架的监测中，应根据其受力特点和可能出现的变形模式，选择合适的应变计、位移计等传感器，并布置在关键部位，如梁柱节点、关键构件等，以有效监测构支架的应力、应变和位移变化。

在数据采集和处理方面，标准规定了数据采集的频率、精度和存储要求，确保采集到的数据能够真实反映结构的实际状态。对于变电站建（构）筑物的监测，数据采集频率应根据结构的重要性、运行工况和潜在风险等因素确定。对于主变压器基础等重要部位，应提高数据采集频率，以便及时捕捉结构状态的微小变化；而对于一些相对次要的部位，可适当降低采集频率，以节省数据存储空间和处理成本。同时，要保证数据采集的精度满足监测要求，通过定期校准和维护监测仪器，确保数据的准确性和可靠性。

数据处理方面，标准要求对采集到的数据进行及时、有效的处理和分析，提取有价值的信息，为结构健康评估提供依据。通过采用数据滤波、异常值剔除、特征提取等技术，对原始数据进行预处理，提高数据的质量和可用性。利用数据分析算法，如统计分析、机器学习、神经网络等，对处理后的数据进行深度挖掘，建立结构状态评估模型，实现对变电站建（构）筑物结构健康状况的准确评估。

结构状态识别和健康评估方法在标准中也有明确规定。通过建立合理的评估指标体系和评估模型，综合考虑结构的应力、应变、位移、振动等参数，对结构的健康状况进行全面、客观的评估。在评估过程中，要充分考虑结构的设计参数、历史监测数据和运行环境等因素，提高评估结果的准确性和可靠性。根据评估结果，制定相应的维护策略和应急预案，确保变电站建（构）筑物的安全运行。

(2) 国际标准借鉴

国际上，如美国土木工程师协会（ASCE）发布的相关标准，在结构健康监测方面具有先进的理念和方法。ASCE的标准强调监测系统的可靠性和可维护性，通过采用冗余设计、故障诊断和自修复技术，提高监测系统的稳定性和可靠性。在传感器的选择和布置上，注重传感器的性能和适应性，采用先进的传感技术，如分布式光纤传感、无线传感等，实现对结构的全面监测。在数据管理方面，建立完善的数据管理系统，实现数据的安全存储、高效检索和共享。

欧洲标准化委员会（CEN）的相关标准则注重监测系统的标准化和规范化，制定了统一的监测流程和技术要求，确保不同监测项目之间的可比性和兼容性。在结构健康评估方面，采用基于风险的评估方法，综合考虑结构的重要性、潜在风险和维护成本等因素，对结构的健康状况进行评估和决策。通过引入风险评估指标，如失效概率、损失期望等，量化结构的风险水平，为制定合理的维护计划和决策提供科学依据。

借鉴国际标准的先进经验，我国在制定和完善变电站结构健康监测设计控制标准时，应加强对监测系统可靠性和可维护性的要求，推广先进传感技术的应用，提高监测系统的智能化水平。加强监测流程的标准化和规范化建设，建立统一的数据格式和接口标准，促进监测数据的共享和应用。引入基于风险的评估方法，提高结构健康评估的科学性和合理性，为变电站建（构）筑物的安全运行提供更有力的保障。

4.9.2 设计控制标准的关键指标

(1) 监测精度要求

不同监测参数对精度的要求各不相同，且在变电站建（构）筑物结构健康监测中，确保监测精度至关重要。对于应力监测，以主变压器基础为例，其应力监测精度要求通常较高，一般需达到±1MPa。这是因为主变压器在运行过程中会产生较大的荷载，基础应力的微小变化可能反映出基础结构的潜在问题。在某110kV变电站中，通过采用高精度的电阻应变计进行应力监测，经过多次校准和验证，能够准确测量基础应力，误差控制在±1MPa范围内，为评估基础的承载能力和稳定性提供了可靠的数据支持。

应变监测精度要求一般为±0.001mm/mm。在变电站构支架的应变监测中，如此高的精度要求能够及时发现构支架在受力过程中的微小变形，判断其是否处于弹性工作状态。通过在构支架关键部位布置高精度的光纤应变计，利用光纤传感技术的高灵敏度特性，有效保证了应变监测的精度，及时捕捉到构支架在不同工况下的应变变化。

位移监测精度要求因监测对象而异。对于设备基础的位移监测，精度要求通常为±0.5mm，以确保设备基础的位移在允许范围内，避免因位移过大导致设备出现异常运行状态。在某变电站的设备基础位移监测中，采用激光位移计进行监测，该仪器利用激光的反射原理，能够实现非接触式测量，精度可达±0.1mm，远远满足了设备基础位移监测的精度要求，及时发现了基础的微小位移变化。

对于构支架的位移监测，精度要求一般为±1mm。在实际监测中，通过在构支架的不同位置布置位移计，并进行定期校准和维护，保证了位移监测的精度。在一次大风天气后，通过位移计的监测数据，准确掌握了构支架的位移情况，为评估构支架的稳定性提供了重要依据。

为保证监测精度，需要采取一系列技术措施。在仪器选型方面，应选择精度高、稳定性好的监测仪器，并对仪器进行严格的校准和标定。定期对电阻应变计进行校准，确保其测量精度符合要求；对激光位移计进行标定，保证其测量结果的准确性。在安装过程中，要严格按照操作规程进行，确保仪器的安装位置准确无误，减少安装误差对监测精度的影响。在数据处理过程中，采用滤波、去噪等技术，去除数据中的干扰和噪声，提高数据的质量和精度。

(2) 数据传输与存储标准

数据传输的稳定性和及时性是保障变电站建（构）筑物结构健康监测系统有效运行的关键。在数据传输稳定性方面，要求数据传输系统具备高可靠性，确保数据在传输过程中不丢失、不中断。采用冗余通信链路是提高数据传输稳定性的重要措施之一。在某变电站的监测系统中，同时采用了以太网和无线传输两种通信方式作为冗余链路。当以太网出现故障时，系统能够自动切换到无线传输链路，保证数据的持续传输。在数据传输过程中，采用数据校验技术，如 CRC 校验等，对传输的数据进行校验，确保数据的完整性和准确性。

及时性方面，要求数据能够实时传输到监测中心，以便及时掌握变电站建（构）筑物的结构状态。对于实时性要求较高的监测参数，如地震发生时的振动数据，数据传输延迟应控制在 1s 内。在某变电站的地震监测系统中，采用了高速数据传输技术，通过优化数据传输协议和网络配置，将振动数据的传输延迟控制在 0.5s 内，确保在地震发生时能够及时获取振动数据，为评估变电站的抗震性能提供及时的数据支持。

数据存储格式应符合相关标准和规范，便于数据的管理、查询和分析。常见的数据存储格式有 CSV、HDF5 等。CSV 格式是一种常用的文本文件格式，具有简单、易读、通用性强的特点，适用于存储结构化数据，如监测数据的时间、参数值等。在某变电站的监测数据存储中，采用 CSV 格式存储日常监测数据，方便后续的数据处理和分析。HDF5 格式则是一种适合存储大规模科学数据的格式，具有高效的数据压缩和存储性能，能够快速存储和读取大量的监测数据。在存储长时间、大容量的监测数据时，如连续一年的变电站构支架振动监测数据，采用 HDF5 格式能够有效提高数据存储和管理的效率。

数据存储期限也有明确的规定，一般要求重要数据存储期限不少于 10 年，以便进行长期的数据分析和趋势预测。对于变电站建（构）筑物的结构健康监测数据，这些数据对于评估结构的长期性能和变化趋势具有重要价值。通过对多年的监测数据进行分析，可以了解结构在不同环境条件和运行工况下的性能变化规律，为结构的维护和改造提供科学依据。在某变电站的监测数据管理中，严格按照存储期限要求，对重要的监测数据进行长期保存，并定期对数据进行备份，防止数据丢失。

(3) 结构健康状态评估标准

基于监测数据评估结构健康状态是变电站建（构）筑物结构健康监测的核心目标。目前，常用的评估方法包括基于阈值的评估方法、基于模型的评估方法和基于机器学习的评估方法。

基于阈值的评估方法是最基本的评估方法之一，通过设定应力、应变、位移等参数的阈值，当监测数据超过阈值时，判断结构处于异常状态。在某变电站的设备基础监测中，设定主变压器基础的应力阈值为设计应力的80%，当监测到的应力超过该阈值时，系统发出预警信号，提示可能存在基础结构损坏的风险。这种方法简单直观，但阈值的设定需要充分考虑结构的设计参数、运行环境等因素，否则可能导致误报或漏报。

基于模型的评估方法则是通过建立结构的力学模型，将监测数据输入模型中，计算结构的响应，并与理论值进行比较，从而评估结构的健康状态。在某变电站的构支架评估中，采用有限元模型对构支架进行模拟分析，将监测到的应力和应变数据输入模型中，计算构支架的变形及内力分布。通过与理论计算结果进行对比，判断构支架是否存在损伤或变形过大的情况。这种方法能够更准确地评估结构的力学性能，但模型的建立需要准确的结构参数和边界条件，且计算过程较为复杂。

基于机器学习的评估方法近年来得到了广泛应用，通过对大量的监测数据进行学习和训练，建立结构健康状态的评估模型。采用神经网络算法对变电站的监测数据进行分析，通过训练模型，使其能够自动识别结构的正常和异常状态。在某变电站的结构健康监测中，利用历史监测数据对神经网络模型进行训练，模型能够准确地根据实时监测数据判断结构的健康状态，提高了评估的准确性和效率。

判定标准通常分为正常、注意、异常和危险四个等级。正常等级表示结构处于良好的运行状态，各项监测参数均在正常范围内；注意等级表示结构可能存在潜在的问题，需要加强监测和关注；异常等级表示结构已经出现了一定的异常情况，需要进一步检查和分析；危险等级表示结构处于危险状态，可能发生严重的损坏，需要立即采取措施进行处理。在某变电站的结构状态评估中，根据监测数据和评估方法，当主变压器基础的位移超过正常范围的10%时，判定为注意等级；当位移超过正常范围的30%时，判定为异常等级；当位移超过正常范围的50%时，判定为危险等级，应及时采取相应的措施，保障变电站的安全运行。

4.10 结构健康监测方案

4.10.1 主变压器及电气设备基础

变电站的基础结构健康监测，旨在通过先进的监测技术和数据分析手段，及时发现和处理基础结构的微小损伤或异常变化，避免其发展成为重大安全隐患。这个方案不仅要求能够实时监测基础结构的物理状态，还要能够预测其未来的发展趋势，为维修决策提供科学依据。监测内容涵盖基础的沉降、裂缝、变形等多个方面，旨在全方位、多角度地评估基础结构的健康状况。为实现变电站主变压器与电气设备基础的结构健康监测，主要有以下技术方案。

（1）传感器选择与布置

针对基础结构的特性，选用高精度、高灵敏度的传感器，如位移传感器、裂缝传感器、应力应变传感器等。这些传感器应被合理布置在基础的关键部位，如受力集中点、变形敏感区等，以准确捕捉基础的微小变化。位移传感器可用于监测基础的沉降情况，裂缝传感器则用于检测基础表面或内部的裂缝发展，应力应变传感器则能反映基础在荷载作用下的应力状态。

（2）数据采集与传输系统

构建一套高效的数据采集与传输系统，确保传感器采集到的数据能够实时、准确地传输至监测中心。该系统应包括数据采集模块、数据传输模块和数据存储模块。数据采集模块负责从传感器接收模拟信号，并将其转换为数字信号；数据传输模块则负责将数字信号通过有线或无线方式传输至监测中心；数据存储模块则用于保存历史数据，以便后续的数据分析和故障预测。

（3）数据分析与预警系统

基于采集到的基础结构健康数据，开发一套智能数据分析与预警系统。该系统应具备数据预处理、特征提取、模式识别、趋势预测等功能。通过数据预处理，可以消除噪声干扰，提高数据质量；特征提取则能从大量数据中提取出对结构健康状态敏感的特征参数；模式识别用于识别结构的正常状态与异常状态；趋势预测则能根据历史数据预测结构未来的健康状态。一旦系统检测到异常变化或潜在风险，应立即触发预警机制，通知相关人员采取必要的维护措施。

在实施结构健康监测技术方案后，应对其效果进行全面评估。评估内容包括监测数据的准确性、系统的稳定性、预警机制的灵敏性等。通过与实际检查结果的对比，可以验证监测方案的可靠性，并为后续的优化提供依据。针对评估中发现的问题，应及时对监测方案进行调整和优化。例如，对于监测数据不准确的情况，可以调整传感器的布置位置或更换更精确的传感器；对于系统稳定性不足的问题，可以优化数据采集与传输系统的设计；对于预警机制不灵敏的情况，可以改进数据分析算法或调整预警阈值。

随着监测技术的不断发展和变电站运行需求的不断变化，结构健康监测技术方案也应持续更新和完善。例如，可以引入更先进的传感器技术、数据分析算法或物联网技术，以提高监测的精度和效率。同时，还可以结合变电站的实际运行经验，对监测方案进行针对性的优化，以更好地适应变电站的安全运行需求。

4.10.2 主控楼

随着科技的不断发展，无人机技术在各个领域的应用日益广泛。在变电站主控楼的结构健康监测中，基于无人机的监测系统提供了一种高效、便捷且全面的解决方案。该监测系统主要由无人机平台、高清拍摄装置、红外热像仪、数据传输模块以及数据处理与分析平台等关键部分组成。无人机平台选用高性能、高稳定性的型号，如大疆经纬 M300 RTK。这款无人机以其卓越的续航能力（最长可达 55min）和高速飞行能力（最大飞行速度 19m/s），确保了在复杂变电站环境中稳定、高效的作业。无人机搭载高清相机和红外热像仪，其中高清相机如索尼 A7RⅣ，具备 6100 万像素，能够捕捉主控楼表面的细微裂缝、破损等微小细节；红外热像仪如 FLIR A300，则通过检测温度分布差异，帮助识别主控楼结构内部的潜在缺陷。

在进行监测任务时，无人机按照预设的飞行路线自主绕主控楼飞行，飞行高度控制在 10~20m，以确保拍摄装置能够清晰、全面地获取主控楼的图像信息。高清相机从不同角度对主控楼的外立面、屋顶等部位进行拍摄，获取高分辨率的可见光图像；红外热像仪则同步工作，采集主控楼的红外热图像。这些图像数据通过先进的数据传输模块实时传输至地面的数据处理与分析平台。数据传输模块采用 5G 通信技术，以其高传输速率和低延迟特性，确保了图像数据的快速、稳定传输。

数据处理与分析平台是无人机监测系统的核心部分。该平台运用先进的图像处理算法和人工智能技术，对传输过来的图像数据进行深度处理和分析。图像处理算法首先对图像进行去噪、增强和特征提取等操作，以提高图像的质量和清晰度；随后，人工智能技术通过训练好的深度学习模型，对图像中的裂缝、破损、变形等特征进行精准识别和分类。例如，基于卷积神经网络（CNN）的裂缝识别模型能够准确识别并测量裂缝的长度、宽度等参数；利用目标检测算法如 Faster R-CNN，则能够高效检测出主控楼表面的破损部位和异常变形区域。通过对不同时期图像数据的对比分析，平台还能够监测主控楼结构的变化趋势，及时发现潜在的安全隐患。

在主控楼的结构健康监测中，沉降量、水平位移、倾斜度和裂缝等是关键的监测指标，这些指标能够全面反映主控楼的结构稳定性和安全性。

沉降量的监测是评估主控楼基础稳定性的重要手段。通过在主控楼的基础四角、纵横墙交接处等关键部位设置沉降观测点，并采用水准仪进行定期观测，可以精确获取沉降数据。这些数据有助于了解主控楼基础的沉降情况，及时发现和处理沉降异常。水平位移监测用于掌握主控楼在水平方向上的移动情况。可使用全站仪等设备，在主控楼周边设置稳定的观测基准点，通过测量观测点与基准点之间的水平距离变化，计算出水平位移量。水平位移的监测对于评估主控楼在风力、地震等外部荷载作用下的稳定性具有重要意义。倾斜度的监测对于评估主控楼的整体稳定性至关重要。通过测量建筑物顶部相对于底部的偏移值，并结合建筑物的高度，可以计算出倾斜度。倾斜度的监测有助于及时发现主控楼因地基不均匀沉降、荷载分布不均等原因导致的倾斜问题。裂缝监测主要关注裂缝的出现和发展情况，包括裂缝的长度、宽度、深度等参数。可采用裂缝观测仪、钢尺等工具进行测量。裂缝的监测对于评估主控楼结构的完整性和安全性具有关键作用。通过对裂缝的监测和分析，可以及时发现结构中的潜在缺陷和损伤，为结构的维修和加固提供依据。

物联网技术在主控楼结构健康监测中的应用，为数据采集、传输与实时监测带来了革命性的变革。物联网技术通过部署各类传感器，构建了一个全方位、多层次的数据采集体系，实现了对主控楼结构状态的实时监测和预警。在数据采集方面，物联网技术借助位移传感器、应力传感器、温度传感器等，在主控楼的关键部位如基础、梁柱节点、墙体等部署大量传感器。这些传感器如同分布在主控楼各个角落的"触角"，能够敏锐地感知到结构的细微变化，并将这些信息转化为电信号或数字信号进行传输。这些传感器数据为后续的分析和决策提供了丰富的数据基础。在数据传输环节，物联网技术利用无线通信技术，如 ZigBee、LoRa 等，实现了数据的高效、稳定传输。通过建立无线传感器网络，将各个传感器采集到的数据快速传输至数据处理中心。与传统的有线传输方式相比，无线传输具有安装便捷、成本低、灵活性高等优势。在某110kV变电站的主控楼监测中，采用了ZigBee无线通信技术，将分布在主控楼不同位置的传感器数据传输至集中器，再通过以太网将数据传输至监测中心服务器。这种传输方式确保了监测数据的不间断传输，为运维人员及时了解主控楼的结构安全状况提供了有力支持。物联网技术还实现了对主控楼的实时监测和预警。通过建立监测平台，将传输过来的数据进行实时分析和处理。一旦发现数据异常，如位移超过预设阈值、温度异常升高等，系统能够立即发出预警信号。例如，当位移传感器监测到主控楼某部位的位移异常时，监测平台会自动弹出报警窗口，并发送短信通知运维人员。运维人员可以根据预警信息及时采取相应的措施，如对结构进行加固、调整荷载分布等，从而有效保障主控楼的安全运行。

4.10.3 构支架

变电站构支架监测的目标是全面、实时地监测变电站构支架的结构健康状况，确保其在各种工况下均能满足安全运行要求，具体包括早期预警、性能评估、寿命预测和优化设计。监测内容涵盖了结构变形监测、应力应变监测、环境因素监测、腐蚀监测和振动监测。其中，结构变形监测包括水平位移、垂直位移和倾斜监测，通过高精度全站仪、激光位移传感器、水准仪、静力水准仪和倾斜仪等设备，实时监测构支架的关键部位，判断是否存在整体倾斜或局部变形问题；应力和应变监测则通过应变片或光纤光栅应变传感器，实时监测结构的应力状态，评估承载能力；环境因素监测包括温度、湿度和风速风向监测，用于修正应力和应变监测数据，同时评估腐蚀风险和抗风性能；腐蚀监测通过腐蚀传感器或电化学传感器，实时监测构支架表面和内部的腐蚀情况；振动监测则通过加速度传感器，监测结构的动态响应，识别模态参数，评估抗震和抗风性能。

在监测系统设计方面，传感器的选型与布置是关键环节。位移传感器包括高精度全站仪、激光位移传感器、水准仪和静力水准仪，用于监测构支架的水平和垂直位移变化；采用应变片或光纤光栅应变传感器，实时监测结构的应力状态；环境传感器包括温度传感器、湿度传感器和风速风向传感器，用于监测环境条件对构支架的影响；采用腐蚀传感器或电化学传感器，监测构支架的腐蚀情况；采用高精度加速度传感器，监测结构的动态响应。传感器的布置需根据构支架的结构形式、尺寸和受力情况确定，水平位移监测点布置在基础与柱脚连接处、横梁与立柱连接处等关键部位；垂直位移监测点布置在基础部位，重点关注均匀沉降和不均匀沉降情况；倾斜监测点布置在构支架的顶部或关键节点处；应力和应变监测点布置在受力较大部位，如横梁、立柱、斜撑等；环境传感器布置在变电站内，监测环境温度、湿度和风速风向变化；腐蚀传感器布置在易腐蚀部位，如基础部位、焊接部位等；振动传感器布置在关键部位，用于监测动态响应和模态参数。

监测系统的数据采集与传输是确保监测数据准确性和实时性的关键环节。数据采集系统采用高精度的数据采集仪，能够实时采集传感器的监测数据，并通过无线或有线网络传输至监测中心。数据采集仪具备高采样率和高精度的特点，能够满足多种传感器的数据采集需求。数据传输采用可靠的通信技术，如4G/5G无线网络或以太网有线网络，确保数据传输的稳定性和实时性。监测中心配备高性能的服务器和数据处理软件，对采集到的监测数据进行实时分析和处理。数据处理软件具备数据存储、数据查询、数据分析和数据可视化等功能，能够实时显示监测数据的变化趋势，并通过预警系统及时发出预警信息。预警系统根据预设的阈值和规则，对监测数据进行实时分析，当监测数据超出正常范围时，立即发出预警信息，提醒相关人员采取措施。预警信息可通过短信、邮件或手机应用程序等多种方式发送给相关人员，确保及时响应。

监测系统的维护与管理是确保监测系统长期稳定运行的重要保障。维护管理包括定期检查传感器的工作状态，确保传感器的正常运行；定期校准传感器，保证监测数据的准确性；定期维护数据采集仪和通信设备，确保数据采集和传输的稳定性；定期更新数据处理软件，提升系统的功能和性能。同时，建立完善的监测数据管理制度，对监测数据进行分类存储和备份，确保数据的安全性和完整性。通过对监测数据的长期积累和分析，为构支架的优化设计、维护决策和寿命预测提供科学依据，进一步提高变电站构支架的安全性和可靠性，为电力系统的稳定运行提供有力支持。

4.10.4 围墙

位移监测是围墙监测的重要内容，主要包括水平位移和垂直位移监测。

在水平位移监测方面，可采用拉线式位移传感器。该传感器的工作原理是通过将传感器的一端固定在稳定的基础上，另一端与围墙的监测点相连，当围墙发生水平位移时，传感器的拉线会随之伸缩，从而改变传感器内部的电阻或电感等参数，通过测量这些参数的变化，就可以计算出围墙的水平位移量。在安装拉线式位移传感器时，需确保其安装位置的准确性和稳定性，避免因安装不当导致测量误差。一般来说，在围墙的顶部和底部每隔一定距离（如5～10m）设置一个监测点，安装拉线式位移传感器，这样可以全面监测围墙的水平位移情况。

电子水准仪也是一种常用的水平位移监测仪器。它利用电子图像处理技术，自动识别水准尺上的条码，实现水准测量的自动化。在监测过程中，将电子水准仪安置在稳定的观测点上，通过观测水准尺上的读数变化，计算出围墙监测点的水平位移。电子水准仪具有测量精度高、操作简便、数据自动记录等优点，能够有效提高监测效率和数据的准确性。

垂直位移监测通常采用精密水准仪进行。在围墙基础的四角、中间部位等关键位置设置沉降观测点，通过定期观测沉降观测点的高程变化，来确定围墙的垂直位移情况。观测时，需严格按照水准测量的规范进行操作，确保测量数据的可靠性。一般情况下，首次观测应在围墙建成后及时进行，作为初始数据。之后，根据围墙的使用情况和周边环境条件，确定合理的观测周期，如在围墙投入使用初期，可每月观测一次；随着时间的推移，若无异常情况，可适当延长观测周期，如每季度或半年观测一次。

数据处理方面，对于采集到的位移监测数据，首先要进行数据预处理，包括剔除异常值、填补缺失值等。异常值可能是由于传感器故障、外界干扰等原因导致的，需要通过数据分析和判断进行识别及剔除。缺失值则可采用插值法等方法进行填补，以保证数据的完整性。经过预处理后的数据，可采用统计分析方法进行处理，如计算位移的平均值、标准差、变化速率等，通过这些统计量来评估围墙位移的变化趋势和稳定性。同时，还可以绘制位移-时间曲线，直观地展示围墙位移随时间的变化情况，以便及时发现位移异常变化。例如，当位移变化速率超过设定的阈值时，系统应及时发出预警信号，通知运维人员进行检查和处理。

对于围墙裂缝监测，可采用图像识别技术与裂缝监测仪相结合的方式。在图像识别技术方面，利用安装在围墙周边的高清摄像头，定期对围墙进行拍摄，获取围墙表面的图像数据。运用图像处理算法对图像进行分析，识别出裂缝的位置、长度和宽度等信息。例如，采用基于边缘检测的算法，通过对图像中灰度值的变化进行检测，提取出裂缝的边缘信息，从而确定裂缝的位置和形状。再利用图像测量技术，根据图像中已知的尺寸信息，计算出裂缝的长度和宽度。

数显式裂缝宽度监测仪也是常用的裂缝监测工具，由主机、探头及信号线、充电电源、U盘、探头延长杆及固定装置等组成。其可用于结构表面裂缝宽度值的实时自动测量和裂缝开裂过程中的裂缝宽度值的实时长期监测，实时长期监测时可无人值守，自动判读并存储数据。在使用时，将探头放置在裂缝上，通过探头获取裂缝的图像信息，并传输至主机。主机利用图像识别技术对裂缝图像进行分析，自动判读裂缝的宽度值。同时，还具备手动判读功能，可通过移动游标界定裂缝边界，屏幕上显示有刻度标尺，从而得出裂缝宽度值。该监测仪的数据与图像同时存储，可通过 U 盘导出数据和图像，便于后续的分析和处理。

在数据处理和分析时，建立裂缝数据库，将每次监测得到的裂缝数据进行存储和管理。通过对不同时期裂缝数据的对比分析，掌握裂缝的发展趋势。例如，观察裂缝宽度和长度随时间的变化情况，若裂缝宽度或长度呈现逐渐增大的趋势，说明裂缝在不断发展，需要及时采取措施进行处理。同时，结合位移监测数据和其他相关监测信息，综合评估围墙的稳定性。若裂缝发展与位移变化存在关联，如裂缝出现的位置与位移较大的区域一致，可能表明围墙存在较大的安全隐患，需要进一步加强监测和分析。

4.10.5 装配式站房

装配式站房各结构连接部位是保障站房整体稳定性和安全性的关键节点，对其进行有效监测至关重要。在套筒灌浆连接监测方面，预埋传感器方法是一种常用手段。利用振动衰减原理，通过在套筒内预埋传感器，可实时监测灌浆施工过程以及后期节点灌浆饱满度。在实际工程中，传感器周围介质特性与其振动衰减规律直接相关，在空气、流体灌浆料、固化灌浆料三种不同介质中，振动能量衰减规律截然不同。通过分析传感器接收到的振动信号衰减情况，能准确判断灌浆是否饱满以及是否存在漏浆问题。相比常规只通过观察出浆口出浆的方式，该方法可在灌浆料凝固前及时发现漏浆隐患，大大提高了灌浆质量的可控性。

预埋钢丝拉拔法也是检测套筒灌浆饱满度的有效方法。将专用钢丝从套筒的出浆口水平伸至套筒内靠近出浆口一侧的钢筋表面位置，通过对钢丝进行拉拔试验，根据拉拔力的大小来判断灌浆饱满度。取同一批测点极限拉拔荷载，若拉拔荷载低于标准值，则可能意味着灌浆不饱满，需进一步检查和处理。

对于浆锚搭接连接，冲击回波法是一种重要的监测手段。在混凝土表面通过机械冲击激发低频冲击弹性波，该弹性波传播到结构内部，被缺陷表面或构件底面反射回来。冲击弹性波在结构表面、内部缺陷表面或底面边界之间来回反射产生瞬态共振，其共振频率能在振幅谱中辨别出，通过分析共振频率以及振幅谱等信息，可用于确定内部缺陷的深度和构件厚度，进而判断浆锚搭接的质量。在实际监测中，分析测点的时程波形，并与典型时程图对比，当冲击弹性波的动力时程响应时间明显长于无脱空区域时，可判断存在脱空缺陷。此外，还可根据厚度-距离图、三维厚度图、振幅图谱等进行综合分析，提高检测的准确性。

在结合面连接监测方面，可采用超声波检测技术。利用超声波在构件内部传播时的反射、折射和衰减等特性，检测结合面是否存在缺陷。当超声波遇到结合面的缺陷时，会产生反射波，通过分析反射波的强度、时间和波形等信息，可以判断缺陷的位置、大小和性质。在预制剪力墙的水平拼接缝处，通过超声波检测可以有效发现混凝土内部是否存在蜂窝、孔洞等缺陷，以及钢筋与混凝土之间的黏结是否良好。

在节点内部缺陷监测方面，X射线法具有独特优势。将胶片粘贴在墙体一侧，胶片能够完全覆盖被测套筒，将便携式X探测仪放置在墙体另一侧，射线源正对同一个被测套筒，调整射线源到胶片的距离与射线机焦距相同。通过胶片成像观片灯观测套筒灌浆质量，X射线能够清晰地显示构件内部的缺陷形状和尺寸，检测精度高，可准确判断连接钢筋的位置、数量和焊接质量，以及混凝土内部是否存在疏松、夹渣等缺陷，但该方法检测设备昂贵，操作复杂，且存在辐射危害，需要采取严格的防护措施。

定期对站房建筑材料性能进行检测，是确保装配式站房长期安全稳定运行的关键环节。在混凝土强度检测方面，回弹法是一种常用的无损检测方法。其原理基于混凝土表面硬度与强度之间的相关性，通过回弹仪对混凝土表面进行弹击，测量回弹值，再根据预先建立的回弹值与强度的关系曲线，推算出混凝土的强度。在使用回弹法时，需注意检测面的平整度和清洁度，避免因表面不平整或存在杂质而影响检测结果的准确性。一般在站房的梁、板、柱等主要构件上均匀布置检测点，每个构件的检测点数不少于10个，以确保检测结果能全面反映混凝土的强度情况。

钻芯法也是检测混凝土强度的重要方法，它属于半破损检测。该方法是从混凝土构件中钻取芯样，经过加工处理后，在压力试验机上进行抗压试验，直接测定混凝土的抗压强度。钻芯法检测结果直观、准确，但会对构件造成一定的损伤，因此在应用时需合理选择钻芯位置，尽量避开构件的关键受力部位。在对某装配式站房的检测中，采用钻芯法对部分混凝土构件进行检测，发现其中一根柱的混凝土强度低于设计要求，进一步检查发现是由于施工过程中混凝土浇筑不密实、养护不到位等原因导致。通过及时采取加固措施，避免了安全隐患的进一步扩大。

对于钢材的力学性能检测，拉伸试验是一种基本的检测手段。通过在万能材料试验机上对钢材试件施加轴向拉力，测量试件在拉伸过程中的屈服强度、抗拉强度和伸长率等指标，这些指标是衡量钢材力学性能的重要参数。在进行拉伸试验时，试件的制备和试验操作需严格按照相关标准进行，确保试验结果的可靠性。例如，对于Q345钢材，其屈服强度应不低于345MPa，抗拉强度为470～

630MPa，伸长率不小于20%。若检测结果不符合标准要求，可能会影响站房结构的承载能力和安全性。

冲击试验用于检测钢材在冲击载荷作用下的韧性。将带有缺口的钢材试件在冲击试验机上进行冲击，测量试件冲断时所吸收的能量，即冲击功。冲击功越大，表明钢材的韧性越好，在承受冲击荷载时越不容易发生脆性断裂。在寒冷地区的装配式站房建设中，钢材的韧性尤为重要，因为低温环境会降低钢材的韧性，增加脆性断裂的风险。通过冲击试验，可选择适合低温环境的钢材，确保站房在恶劣环境下的安全运行。

此外，对于连接材料，如焊接材料、螺栓等，也需进行相应的性能检测。焊接材料的检测包括化学成分分析、熔敷金属力学性能测试等，以确保焊接接头的质量。螺栓的检测则主要包括扭矩系数、紧固轴力等指标的检测，保证螺栓连接的可靠性。在某装配式站房的施工过程中，对螺栓的扭矩系数进行检测时，发现部分螺栓的扭矩系数超出标准范围，及时更换了这些螺栓，避免了因螺栓连接松动而导致的结构安全问题。

综合各项监测数据对装配式站房整体性能进行评估，需遵循科学的方法与流程。首先，数据整合与预处理至关重要。将结构连接监测、材料性能监测以及其他相关监测（如环境参数监测等）所获取的数据进行汇总，建立统一的数据库。对采集到的数据进行预处理，剔除异常值和噪声数据，填补缺失值。异常值可能是由于传感器故障、外界干扰等原因导致的，需通过数据分析和判断进行识别与剔除；缺失值则可采用插值法、均值法等方法进行填补，以保证数据的完整性和准确性。

建立评估指标体系是关键环节。基于结构力学、材料力学等理论，结合装配式站房的设计要求和相关标准规范，确定一系列评估指标。对于结构连接，评估指标包括套筒灌浆饱满度、浆锚搭接质量、结合面粘接强度等；在材料性能方面，涵盖混凝土强度、钢材力学性能等指标；同时，考虑结构的整体变形情况，如位移、倾斜等指标。为每个评估指标设定合理的阈值范围，这些阈值应根据设计要求、相关标准以及实际工程经验来确定。例如，混凝土强度的阈值可根据设计强度等级和相关标准规定的允许偏差范围来设定；套筒灌浆饱满度的阈值可参考相关施工质量验收标准，一般要求达到95%以上。

采用合适的评估方法对装配式站房的整体性能进行评估。可运用层次分析法（AHP），通过构建层次结构模型，将复杂的问题分解为多个层次，包括目标层（装配式站房整体性能评估）、准则层（结构连接性能、材料性能、结构变形等）和指标层（具体的评估指标）。通过专家打分等方式确定各层次指标的相对权重，从而综合评估站房的整体性能。模糊综合评价法也是一种有效的评估方法，它将模糊数学的理论应用于综合评价中，通过建立模糊关系矩阵，对各评估指标的模糊评价结果进行合成，得到装配式站房整体性能的模糊综合评价结果。

在实际应用中，某装配式站房通过长期的监测数据积累和分析，运用上述评估方法对站房的整体性能进行评估。在一次评估中，通过对结构连接监测数据的分析，发现部分套筒灌浆饱满度达到98%，满足阈值要求；浆锚搭接质量良好，结合面黏结强度也在正常范围内。材料性能监测数据显示，混凝土强度达到设计强度的105%，钢材的屈服强度、抗拉强度等力学性能指标均符合标准要求。结构变形监测数据表明，站房的位移和倾斜均在允许范围内。综合各项评估指标，运用层次分析法和模糊综合评价法进行评估，得出该装配式站房整体性能良好，结构安全可靠的结论。通过定期的整体性能评估，能够及时发现站房存在的潜在问题，为站房的维护和管理提供科学依据，保障站房的长期安全稳定运行。

4.10.6 边坡

表面位移监测是边坡监测的重要组成部分，通过对边坡表面位移的监测，能够及时掌握边坡的变形情况，为边坡稳定性分析提供关键数据。全站仪是一种常用的表面位移监测仪器，它利用光电测距和测角原理，通过测量边坡上监测点的三维坐标变化，来获取边坡的位移情况。在使用全站仪进行监测时，需在边坡周边稳定区域设置基准点，这些基准点应具有良好的稳定性和通视条件，能够为监测点的测量提供准确的参考。在边坡上，根据边坡的地形、地质条件以及潜在的滑动方向，合理布置监测点，监测点应分布在边坡的顶部、中部、底部以及可能出现变形的关键部位。

GPS定位技术也是一种广泛应用的表面位移监测方法。它利用全球卫星定位系统，通过在边坡上布置GPS接收机，实时获取监测点的三维坐标信息。GPS监测具有监测范围广、精度高、实时性强等优点，不受通视条件限制，能够实现对边坡的远程监测。在实际应用中，根据边坡的大小和监测精度要求，合理选择GPS接收机的型号和数量。对于大型边坡，可采用多台GPS接收机组成监测网络，以提高监测的准确性和可靠性。

在某大型变电站的边坡监测中，边坡面积约为$10000m^2$，采用了5台高精度GPS接收机进行监测。将GPS接收机安装在边坡的关键部位，通过卫星信号接收和处理，实时获取监测点的坐标数据。监测数据通过无线传输模块发送到监测中心，监测人员可以在监测中心实时查看边坡的位移情况。在一次强降雨后，通过 GPS 监测数据发现边坡部分区域出现了明显的位移变化，及时启动了应急预案，对边坡进行了加固和排水处理，保障了变电站的安全运行。

内部位移监测对于深入了解边坡的稳定性状况至关重要，测斜仪是实现这一监测的关键设备。其工作原理基于测量轴线与垂线之间的夹角变化量，通过将测斜仪安装在穿过不稳定土层至下部稳定地层的垂直测斜孔内，测量测斜管内不同深度的倾斜角度变化量，从测斜管底部开始逐米累加，从而得出不同深度的水平位移数据，计算公式为 $\Delta d_i = L\sin(\Delta\theta_i)$，式中，$\Delta d_i$ 表示水平位移量；L 为测斜仪长度；$\Delta\theta_i$ 为夹角变化量。

在实际应用中，测斜仪有多种类型，不同类型各有特点。滑动式/导轮式测斜仪主要由测斜探头、电缆和主机三部分组成。工程应用时，需先在土体（桩体）中预埋测斜管，然后通过人工提放测量探头，在主机上读取每个测量深度的角度数据，进而换算出水平位移量。然而，该类型测斜仪存在明显缺陷，同一时间只能测量其中一个深度的数据，且同一时间只能测量一个轴向的数据，测量另一个轴向数据时需取出探头并调整导轮位置；人工提放读数的方式无法实现自动化在线监测及预警，且测量数据导出后还需进行换算，整个测量周期较长。

固定式测斜仪主要由带导轮的测杆、连接钢丝绳、观测线缆 3 部分组成。应用时，可通过钢丝绳将多个测斜杆吊装到侧斜井内的不同深度位置，测量每个测斜杆对应深度的位移数据。虽然解决了人工提放的问题，但仍存在不足，每段测斜杆都需要单独拉一条线缆到井口，有限的测斜管难以放入较多线缆；每个测斜井只能吊装有限的几个测斜杆，无法测出从测斜井井底到井口整段连续的位移数据。

阵列式位移计是在前两代测斜仪基础上的升级产品，每个测量单元内置 MEMS 微机电加速度测量单元系统，利用测量重力加速度在不同轴向上的数据计算出对应轴与重力方向的角度，通过角度变化计算对应测量单元的位移量，可同时测量每个深度 X、Y、Z 三轴的位移数据。不过，工程使用过程中也存在一些问题，采用整体设计，出厂需按照测斜井的深度定制长度，导致交货周期相对较长；出厂做成不可拆卸的整体，缠绕在木架上，搬运不便；当某段测量单元出现问题时，需将整体搬运回厂家检修，维护成本非常高；且不能在不同井深的项目中重复使用，整体使用成本较高。

节段式位移计作为新一代三维位移监测仪器，采用单节段自由拼接总长度的连接方式设计，有效解决了滑动式测斜仪不能自动化监测、固定式测斜仪数据不连续、阵列式位移计不能根据孔深灵活拼接为任意长度等缺陷。具有自动化在线监测预警的特点，将井口的 485 总线接入安锐测控云平台系统即可实现；方便搬运,采用分段自由拼接式设计,出厂时每个节段为独立个体,可分批带到现场后再根据测斜井总深度自由组装成一个整体;方便维护,当某个节段发生故障时,只需将有故障的节段寄修或更换即可,无须将整体打包发回厂家维修;可重复使用,项目结束后可根据下一个项目的井深自由拼接总长度。

在安装测斜仪时,需严格遵循相关规范和要求。应采用专用的测斜管,其内壁应光滑,具有良好的导向性能,以确保测斜仪探头能够顺利通过。测斜管的连接应牢固可靠,采用密封接头,防止泥浆、地下水等进入管内影响测量精度。在钻孔过程中,应保证钻孔的垂直度,误差控制在规定范围内,一般要求钻孔垂直度偏差不超过1‰。将测斜管放入钻孔时,应使测斜管的导向槽与预计的位移方向一致,确保测量的准确性。在测斜管与钻孔壁之间,应采用合适的填充材料进行填充,如细砂、水泥浆等,使测斜管与周围土体紧密结合,能够真实反映土体的位移情况。同时,在测斜管顶部应设置保护装置,防止测斜管受到外力破坏。

基于监测数据进行边坡稳定性分析与预警,需构建科学的方法与指标体系。在分析方法上,极限平衡法是一种经典且常用的方法,它基于边坡在极限平衡状态下的力学平衡原理,通过对边坡滑动面上的抗滑力和下滑力进行分析计算,得出边坡的安全系数。例如瑞典条分法,将边坡滑动土体划分为若干竖向土条,假设土条间不存在相互作用力,通过对每个土条进行受力分析,建立力和力矩的平衡方程,计算出边坡的安全系数。该方法原理简单,计算过程相对简便,在工程实践中应用广泛。然而,它也存在一定的局限性,如假设土条间不存在相互作用力,与实际情况存在一定偏差,导致计算结果可能不够准确。

有限元法是一种基于数值计算的边坡稳定性分析方法,它将边坡土体离散为有限个单元,通过求解这些单元的力学平衡方程,得到边坡的应力、应变和位移分布情况,进而评估边坡的稳定性。在使用有限元法时,首先要建立边坡的几何模型和材料模型,确定土体的物理力学参数,如弹性模量、泊松比、内摩擦角、黏聚力等。然后,选择合适的单元类型和网格划分方式,对边坡进行离散化处理。最后,通过求解有限元方程,得到边坡在各种工况下的力学响应。有限元法能够考虑土体的非线性特性、复杂的边界条件以及不同工况下的荷载组合,计算结果较为准确,但计算过程复杂,需要专业的软件和较高的计算资源。

在指标体系方面,位移速率是一个关键指标。当边坡表面位移速率持续增大时,表明边坡的变形在加速发展,可能即将失稳。一般来说,对于土质边坡,当位移速率超过5mm/d时,就需要引起高度关注;对于岩质边坡,位移速率超过1mm/d时,应加强监测和分析。例如,在某山区变电站的边坡监测中,前期位移速率一直保持在0.2mm/d左右,但在连续降雨后,位移速率突然增大到

8mm/d，通过进一步分析，判断该边坡存在滑坡风险，及时采取了加固措施，避免了事故的发生。

累计位移也是重要指标之一，它反映了边坡在一定时间内的总变形量。当累计位移达到一定数值时，说明边坡的变形已经较为严重，可能影响其稳定性。根据工程经验，对于高度为20～30m的边坡，累计水平位移超过100mm，累计垂直位移超过50mm时，应进行详细的稳定性评估。

裂缝发展情况同样不容忽视，裂缝的出现和扩展是边坡失稳的重要前兆。当裂缝宽度超过5mm，长度超过10m，且裂缝有明显的扩展趋势时，表明边坡的稳定性受到严重威胁。在某矿山边坡监测中，发现一条裂缝宽度在一个月内从3mm扩展到8mm，长度从5m增加到15m，及时对该区域进行了加固处理，防止了滑坡事故的发生。

通过构建科学合理的分析方法和指标体系，基于监测数据能够准确地进行边坡稳定性分析与预警，为边坡的安全防护和治理提供有力的决策依据，有效保障变电站及周边环境的安全。

第 5 章

变电站变形监测实例

5.1 变形监测主要内容及目的

变电站建（构）筑物的变形监测是一项复杂而关键的工作，主要涵盖沉降与位移两大方面。沉降监测工作通常基于高程控制网展开，以确保数据的精确性；而位移监测则依赖平面控制网，用于捕捉建（构）筑物在水平方向上的微小变动。基础的不均匀沉降是导致变电站主体倾斜的主要因素之一，不容忽视。主体倾斜观测旨在精确测量变电站顶部相对于底部，或是各楼层间上层与下层之间的水平位移与高差，进而计算出整体或分层的倾斜度、倾斜方向以及倾斜速度，为变电站的安全评估提供重要依据。对于刚性结构的整体倾斜，还可以通过测量顶面或基础的相对沉降来间接判定，这种方法同样具有高度的准确性。

变电站建（构）筑物的变形监测是一个持续的过程，要求每隔一定时期对控制点和观测点进行重复测量。通过对比相邻两次测量的变形量及累积变形量，可以准确地确定变电站建（构）筑物的变形值，并深入分析其变形规律，对于及时发现并处理潜在的变形问题至关重要。在变电站的施工期间和使用初期，其基础往往面临着多重挑战。地质构造的不均匀、土壤物理性质的差异、大气温度的变化、地基的塑性变形、地下水位的季节性和周期性波动、变电站自身的荷载、结构特点以及动荷载等因素，都可能引发变电站基础及其周围地形的变形。而变电站本身，在基础变形、外部荷载以及内部应力的共同作用下，也会发生相应的变形。这种变形在一定范围内是正常的，一旦超过规定的限度，就可能导致变电站结构变形、开裂甚至倾斜，严重影响其正常使用，甚至威胁到变电站的安全。

因此，为了保障变电站的安全使用，有必要深入研究变形的原因和规律，这不仅能为变电站的设计、施工、管理提供科学依据，还能为科学研究提供宝贵资料。在施工期间和使用初期，对变电站建（构）筑物进行变形观测是不可或缺的环节。通过一段时间的跟踪观测，可以获得变电站沉降的准确数据，全面了解其实际变形情况，从而为变电站的施工和运营安全提供坚实的数据支撑。

5.2 变形监测的依据及仪器设备

变形观测工作严格遵循以下规范标准：首先，依据《电力工程施工测量标准》（DL/T 5578—2020）和《建筑变形测量规范》（JGJ 8—2016）来确保测量工作的专业性和准确性；同时，也参考《工程测量通用规范》（GB 55018—2021）以及《国家一、二等水准测量规范》（GB/T 12897—2006），这些规范为变形观测提供了全面的技术指导和精度要求，确保观测结果的科学性和可靠性。

在执行变形观测时，应配备齐全的仪器设备，包括普通水准仪和压差式水准仪用于精确测量高程变化；倾斜角测量设备用于评估建筑物的倾斜状况；水准尺、记录板和尺垫则辅助进行水准测量并记录数据；测伞为观测人员提供遮阳挡雨的工作环境；此外，还使用了激光水平仪和激光垂直仪，这些高精度仪器能够进一步提升测量的准确性和效率，确保变形观测工作的顺利进行。

5.3 变形监测基准点布置与测量

5.3.1 基准点布点原则

沉降基准点是沉降观测的依据，根据图纸要求进行布置，并每半年检测一次，以保证沉降观测成果的正确性。每一个测区的水准基点不应少于3个，对于小测区，当确认点位稳定可靠时可少于3个，但连同工作基点不得少于2个。

沉降基准点与观测点的距离不宜太远，以保证足够的观测精度；沉降基准点须埋设在建筑物的压力传播范围以外，距离建筑物基坑边线不小于2倍基坑深度，水准基点的标石，应埋设在基岩层或原状土层中。在建筑物内部的点位，其标石埋深应大于地基土压层的深度。水准基点的标石可根据点位所处的不同地质条件，选择并埋设基岩水准基点标石、深埋双金属管水准基点标石、深埋钢管水准基点标石或混凝土基本水准标石。

5.3.2 基准点的埋设及测量

(1) 基准点高程的校测

基准点使用前，用电子水准仪对业主提供的水准基点与场区内6个水准基准点进行联测,经平差计算后的 6 个基准点高程数据作为本工程沉降观测的基准点高程。

(2) 水准网的布设

对于建筑物较少的测区,宜将水准点连同观测点按单一层次布设;对于建筑物较多且分散的大测区,宜按两个层次布网,即由水准点组成高程控制网观测点与所联测的水准点组成扩展网。高程控制网应布设为闭合环、结点网或附合高程路线。

(3) 水准测量的等级划分

水准测量划分为特级、一级、二级和三级。建筑变形测量的等级划分及其精度要求列于表 5-1。

表 5-1 建筑变形测量的等级划分及其精度要求

变形测量等级	沉降观测时观测点测站高差中误差/mm	位移观测时观测点坐标中误差/mm	适用范围
特级	≤0.05	≤0.3	特高精度要求的特种精密工程和重要科研项目变形观测
一级	≤0.15	≤1.0	高精度要求的大型建筑物和科研项目变形观测
二级	≤0.50	≤3.0	中等精度要求的建筑物和科研项目变形观测;重要建筑物主体倾斜观测、场地滑坡观测
三级	≤1.50	≤10.0	低精度要求的建筑物变形观测;一般建筑物主体倾斜观测、场地滑坡观测

注:1. 观测点测站高差中误差,是指几何水准测量测站高差中误差或静力水准测量相邻观测点相对高差中误差。
2. 观测点坐标中误差,是指观测点相对测站点(如工作基点等)的坐标中误差、坐标差中误差以及等价的观测点相对基准线的偏差值中误差、建筑物(或构件)相对底部定点的水平位移分量中误差。

视线长度、前后视距差、视线高度应符合表 5-2 的规定。

表 5-2 水准观测的视线长度、前后视距差和视线高度 单位:m

等级	视线长度	前后视距差	前后视距累积差	视线高度
特级	≤10	≤0.3	≤0.5	≥0.5

续表

等级	视线长度	前后视距差	前后视距累积差	视线高度
一级	≤30	≤0.7	≤1.0	≥0.3
二级	≤50	≤2.0	≤3.0	≥0.2
三级	≤75	≤5.0	≤8.0	三丝能读数

5.4 观测点布设与观测标志

5.4.1 沉降观测点的布设

依据《建筑变形测量规范》(JGJ 8—2016) 的要求，沉降观测点布设位置应符合下列要求：应能反映建筑及地基变形特征，并应顾及建筑结构和地质结构特点；建筑的四角、核心筒四角、大转角处及外墙每 10~20m 处或每隔 2~3 根柱基上；高低层建筑、新旧建筑和纵横墙等交接处的两侧；建筑裂缝、后浇带两侧、沉降缝两侧、基础埋深相差悬殊处，人工地基与天然地基接壤处，不同结构的分界处，填挖方分界处，以及地质条件变化处两侧；对宽度大于或等于 15m、宽度虽小于 15m 但地质复杂以及膨胀土、湿陷性土地区的建筑，应在承重内隔墙中部设内墙点，并在室内地面中心及四周设地面点；邻近堆置重物处、受振动显著影响的部位及基础下的暗浜处；框架结构及钢结构建筑的每个或部分柱基上或沿纵横轴线上；筏形基础、箱形基础底板或接近基础的结构部分的四角处及其中部位置；重型设备基础和动力设备基础的四角处、基础形式或埋深改变处；超高层建筑或大型网架结构的每个大型结构柱监测点数不宜少于 2 个，且应设置在对称位置。

5.4.2 主体倾斜观测点的布设

观测点的布设应沿对应测站点的某主体竖直线进行设置，以监测整体倾斜时，应在顶部和底部布设观测点；而监测分层倾斜时，则需在分层部位及其底部上下对应位置布设。当观测工作从建筑物外部进行时，测站点或工作基点的位置应精心选择，应位于与照准目标中心连线接近正交或呈等分角的方向线上，且距离照准目标的距离应为标高的1.5~2倍，以确保观测的准确性和稳定性；若利用建筑物内部的竖向通道进行观测，则可将通道的底部中心点直接作为测站点。此外，无论是按纵横轴线还是前方交会法布设的测站点，每个测站点都应选设1~2个定向点，以确保观测方向的准确性，而基线端点的选择则需充分考虑到测距或丈量的实际需求。

5.4.3 普通水准仪沉降观测标志

沉降观测标志，可根据不同的建筑结构类型和建筑材料，采用墙（柱）标志基础标志和隐蔽式标志（用于宾馆等高级建筑物），各类标志的立尺部位应加工成半球形或有明显的凸出点，并涂上防腐剂。沉降观测标志的形式，目前用得较多的为：隐蔽螺栓式、L式、快速插入式等，如图5-1所示。

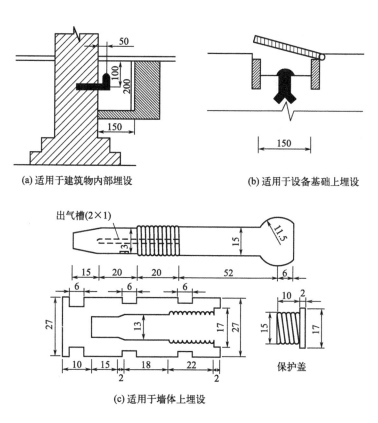

图 5-1　沉降观测标志（单位：mm）

标志埋设位置应避开雨水管窗台线、暖气片、暖水片、暖水管、电气开关等，有碍设标与观测的障碍物安设稳定牢固，与柱身或墙保持一定距离，以保证能在标志上部垂直置尺；同时，沉降观测标志埋设位置应视线开阔，没有遮挡。

5.4.4 主体倾斜观测标志

① 建筑物顶部和墙体上的观测点标志，可采用埋入式照准标志形式。有特殊要求时应专门设计。

② 不便埋设标志的塔形、圆形建筑物以及竖直构件，可以照准视线所切同高边缘认定的位置或用高度角控制的位置作为观测点位。

③ 位于地面的测站点和定向点，可根据不同的观测要求采用带有强制对中设备的观测墩（图5-2）或混凝土标石。

④ 对于一次性倾斜观测项目观测点标志，可采用标记形式或直接利用符合位置与照准要求的建筑物特征部位；测站点可采用小标石或临时性标志。

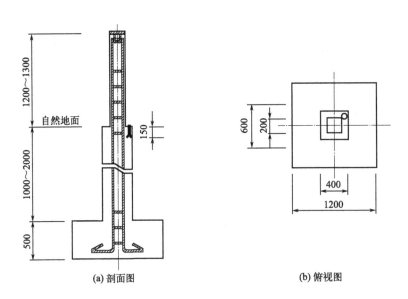

图 5-2 观测墩（单位：mm）

5.4.5 观测点保护措施

沉降监测作为长期系统性工程，其观测点保护直接关乎数据连续性与工程安全评估的可靠性。首要措施在于建立多维度警示体系，除设置常规警示桩和反光标识牌外，应在埋设点周边喷涂荧光标记，确保夜间施工时仍具备可视性。针对施工现场动态特性，需实施分级巡查机制：基础施工期每48h巡查一次，主体结构阶段每周两次，并建立电子巡检台账记录点位状况。为防止机械破坏，应运用BIM技术模拟施工路径，在观测点周边划定3m机械禁入区，并采用可拆卸式钢制防撞栏实施物理隔离。特别对于回填区域观测点，须按《工程测量标准》（GB 50026—2020）要求埋设深度超过冻土层0.5m，外露部分采用不锈钢套管保护，顶部加装旋转式防尘盖。数据采集过程中若发现点位损毁，应在24h内完成补设并引入临时观测点，通过闭合网平差算法校正数据偏差，确保沉降曲线的连续性。同时建立观测点电子身份证系统，通过二维码标识关联埋设时间、坐标高程、维护记录等信息，实现全生命周期可追溯管理。

5.4.6 观测布点具体位置

以如图5-3所示的库房观测点布置为例，根据库房平面图实测数据，除四角之外，沿着纵向（即自东向西）每间隔1根柱的柱基，即11~13m布置沉降观测点；横向（即自南向北）山墙的中点布置1个沉降观测点。

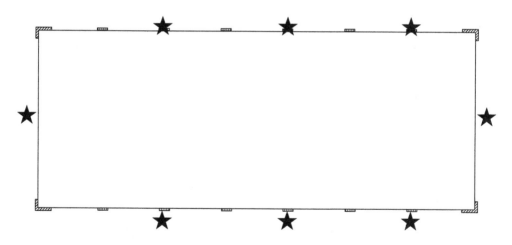

图5-3 库房观测点布置示意图（五角星位置为观测布置点）

根据库房平面图和立面图，结合建筑物主体倾斜观测点位的布设要求，对库房的整体倾斜进行观测，观测点设置在四角竖直位置的顶部和底部。

5.5 常规变形监测技术

5.5.1 普通水准仪沉降监测

定期按往返路线进行基准点之间的往返检测;每次必须进行基准点至沉降观测点间往返引测;每次必须按照规定的几何图形路线进行沉降观测点之间的观测。每次观测基准点后进行计算分析,以检查基准点是否稳定。

使用普通水准仪观测,按二级水准测量技术要求作业。使用电子水准仪自带记录程序,记录外业观测数据文件。首次观测时,对测点进行连续两次观测,两次高程之差应小于±1.0mm,取平均值作为初始值。

本工程采用闭合水准路线,每次观测时按照设计的水准线路进行,且遵循路线不变、仪器不变、人员不变、环境条件允许时时间不变的"四不变"要求。

观测注意事项如下。

① 对所使用的仪器必须定期进行检验,使用检校合格的观测仪器或设备。当观测成果异常,经分析与仪器有关时,应及时对仪器进行检验与校正。

② 观测时,必须保证良好的观测环境及成像条件,每次观测前30min晾晒仪器和标尺。

③ 观测前应正确设定记录文件中各项控制限差参数,观测完成需现场检核闭合或附合差情况,确认合格后方可完成测量工作。

④ 观测时应满足水准观测各项相关技术要求。

5.5.2 主体倾斜观测

(1) 测定基础沉降差法

如图 5-4(a) 所示,在基础上选设沉降观测点 A、B,用精密水准测量法或压差式水准仪定期观测 A、B 两点的沉降差 Δh,设 A、B 两点间的距离为 L,则基础倾斜度为

$$i = \frac{\Delta h}{l} \tag{5-1}$$

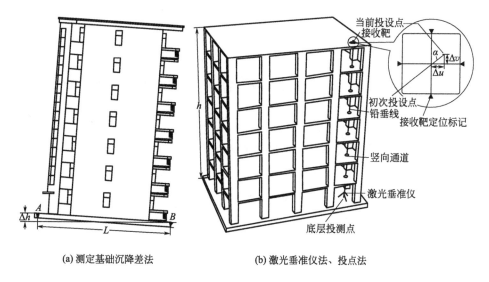

(a) 测定基础沉降差法　　(b) 激光垂准仪法、投点法

图 5-4　主体倾斜观测方法

（2）激光垂准仪法

如图 5-4(b) 所示，激光垂准仪法要求建筑物的顶部与底部之间至少有一个竖向通道，它是在建筑物顶部适当位置安置接收靶，在其垂线下的地面或地板上埋设点位并安置激光垂准仪。激光垂准仪将通过地面点的激光射到顶部的接收靶上，在接收靶上直接读取或用直尺量出顶部的两个位移量 Δu 与 Δv，则倾斜度与倾斜角为

$$\left. \begin{array}{l} i = \dfrac{\sqrt{\Delta u^2 + \Delta v^2}}{h} \\ \alpha = \tan^{-1} \dfrac{\Delta v}{\Delta u} \end{array} \right\} \tag{5-2}$$

式中，h 为地板点位到接收靶的垂直距离，作业中应严格置平与对中激光垂准仪。

（3）投点法

该法适用于建筑物周围比较空旷的主体倾斜。如图 5-4(b) 所示，设建筑物的高度为 h，选择建筑物上、下在一条铅垂线上的墙角，分别在两墙面大致延长线方向距离为 $(1.5 \sim 2.0)h$ 处设观测点 A、B，在两墙面的墙角处分别横置直尺，在 A 点安置经纬仪，盘左向上准确瞄准房顶墙角，旋松望远镜制动螺旋，向下瞄准墙角横置直尺并读数 L_A，盘右重复前述操作，得直尺读数 R_A，取 A 点

两次直尺读数的平均值为

$$l_A = \frac{1}{2}(L_A + R_A) \tag{5-3}$$

在 B 点安置经纬仪重复 A 点的操作，得 B 点两次直尺读数的平均值为

$$l_B = \frac{1}{2}(L_B + R_B) \tag{5-4}$$

设在 A、B 两点初次观测的直尺读数为 l'_A 和 l'_B，则当前观测的位移分量为

$$\left.\begin{array}{l}\Delta u = l_A - l'_A \\ \Delta v = l_B - l'_B\end{array}\right\} \tag{5-5}$$

倾斜度与倾斜方向角依式（5-2）计算。

（4）倾角仪法

倾角仪安装于被测物体表面前，使用辅助工具（水平仪、水平泡等）使倾角仪安装的初始位置的 X、Y 两轴的角度为 $0°$，如图 5-5 所示。之后所观测的角度即为变化的角度。倾角仪安装时，应使倾角仪以相对水平位置安装，即平放安装。

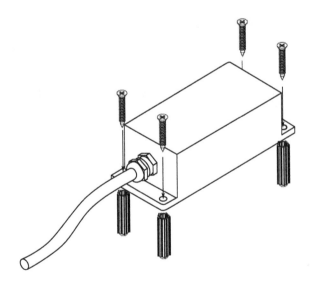

图 5-5 倾角仪

倾角仪安装于被测物体表面，不需要借助辅助工具，安装的时候，只需保持倾角仪相对水平，初次安装完成后，确认一个初始值，之后每次测量的值为当前变化值，实际变化角度＝当前变化值－初始值。

5.6 压差式沉降监测技术

5.6.1 沉降监测原理

压差式沉降监测技术利用了静力水准测量原理，将液体置于相互连通的容器中，水在寻找相同势能的过程中保持同一个水平面，从而监测不同参考点之间的竖向高差和变化量。

如图 5-6 所示，设有 n 个观测点，安装高程在初始状态时分别为 $y_{01}\cdots y_{0i}\cdots y_{0j}\cdots y_{0n}$，相对于初始高程的液面高程分别为 $h_{01}\cdots h_{0i}\cdots h_{0j}\cdots h_{0n}$。

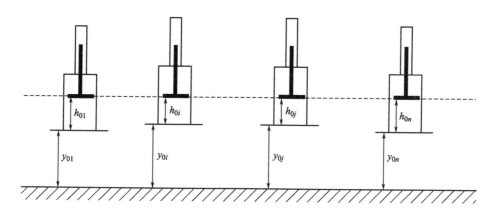

图 5-6 初始液面高程

液面高程处于同一水平面，相对于基准面的高程相等，即
$$y_{01}+h_{01}=\cdots=y_{0i}+h_{0i}=\cdots=y_{0j}+h_{0j}=\cdots=y_{0n}+h_{0n} \tag{5-6}$$

当观测对象产生第 k 次不均匀沉降后，各个观测点相对于与基准面的总沉降量分别为：$\Delta h_{k1}\cdots\Delta h_{ki}\cdots\Delta h_{kj}\cdots\Delta h_{kn}$，各测点的液面高度变化量为 $h_{k1}\cdots h_{ki}\cdots h_{kj}\cdots h_{kn}$，如图 5-7 所示。

根据连通器原理，由于容器中的液体在重力作用下在管道中自由流动，最终使得液面相对于参考面的高程相等，因此
$$(y_{01}+\Delta h_{k1})+h_{k1}=\cdots=(y_{0i}+\Delta h_{ki})+h_{ki}=\cdots= \\ (y_{0j}+\Delta h_{kj})+h_{kj}=\cdots=(y_{0n}+\Delta h_{kn})+h_{kn} \tag{5-7}$$

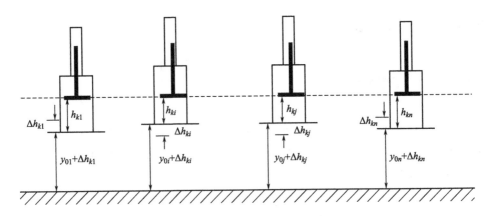

图 5-7 第 k 次不均匀沉降后的高程

第 j 个观测点相对于基准点 i 的相对沉降量为

$$H_{ji} = \Delta h_{kj} - \Delta h_{ki} \tag{5-8}$$

由此可以得出

$$\Delta h_{ki} - \Delta h_{kj} = (y_{0i} + h_{ki}) - (y_{0j} + h_{kj}) \tag{5-9}$$
$$= (y_{0i} - y_{0j}) - (h_{kj} - h_{ki})$$

由式(5-6)可以得出

$$y_{0i} - y_{0j} = h_{0j} - h_{0i} \tag{5-10}$$

由式(5-9)和式(5-10)可以算出第 j 个观测点相对于基准点的相对沉降量。

$$H_{ji} = (h_{0j} - h_{0i}) - (h_{kj} - h_{ki}) \tag{5-11}$$

由式(5-11)可知,利用静力水准传感器可以获得不同时刻各个观测点的液面高度值,基准点与观测点液体高度变化的差值便是观测点相对于基准点的相对沉降量。基于静力水准测量原理开发的压差式沉降监测技术示意如图 5-8 所示。

5.6.2 基于北斗融合多源传感器技术的压差式沉降监测系统

为了实现智能监测的基础设施建设目标,融合新的信息与通信技术,通过 TCP/IP 协议接收与存储北斗定位系统发送的原始观测数据,经解码技术,转换为标准数据格式,得到监测站坐标变化。对监测站的坐标数据进行解析后,采用高精度差分定位模型进行解算,获得沉降观测点后处理毫米级的定位数据,达到实时监测和预警的目的。

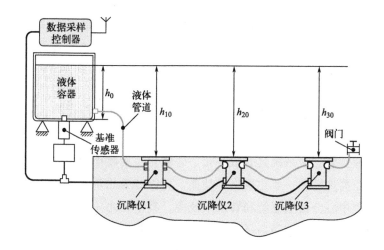

图 5-8　压差式沉降监测技术示意

智能监测系统平台采用 J2EE 架构技术，基于 MVC 体系结构进行融合，如图 5-9 所示。融合平台架构主要包括平台支撑服务、平台基础服务、业务功能模块和数据库 4 个主要部分。其中，平台支撑服务主要为融合平台提供基础数据，

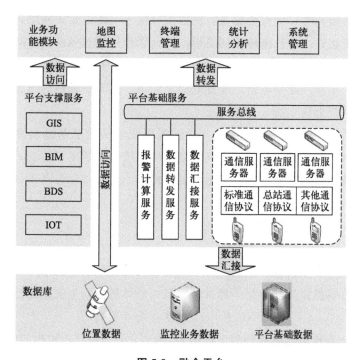

图 5-9　融合平台

以确保平台稳定运行；平台基础服务主要负责数据转发、数据汇接、报警计算和通信服务器等功能；业务功能模块主要提供信息查询和系统管理等服务，是平台的用户接口；数据库负责存储基准数据和多源监测数据，是平台的数据存储中心。

基于北斗融合多源传感器技术的压差式沉降监测系统，根据压差式静力水准仪的工作原理，通过测量液体的压差值，将压差值的物理信号转化为电信号，对信号进行实时运算和数据跟踪，可以得到观测点的竖向位移，根据沉降位移限值，进行解算预警。该系统具有数字化、智能化、集成化和一体化等特征，能够实现数据远距离传输和一体化网络等功能，可以分为北斗测量子系统、通信网络子系统、控制中心分析子系统和管理系统等。其中，北斗测量子系统包括北斗参考站和北斗监测点，通信网络子系统包括北斗接收机和数据交互，控制中心分析子系统和管理系统包括机房、中心网络和软件系统等。

5.6.3 基于物联网的压差式沉降监测系统

基于物联网的压差式沉降监测系统由数据采集层、数据传输层和数据管理层组成。其中，数据采集层根据压差式原理，通过高精度压力传感器将液体静压力变化转化为观测数据，经由数据采集控制器传输到云端，呈现给技术人员；数据传输层采用智能网关，确保传感器数据的统一接入，经由无线网络连接到远程服务器的数据流接口，将数据传输到终端；数据管理层通过 Restful Web API 数据服务接口，将采集的海量数据进行预处理和后处理，并提供项目信息和监测信息查询等服务，用以判断变电站地基基础稳定状态。基于物联网的压差式沉降监测系统的采集系统架构如图 5-10 所示。

该系统借助"物联网＋"技术，能够实现变电站地基基础沉降的远程、连续、实时和自动的数据采集分析和高精度监测，适合长期变形监测，为变电站地基基础在运营期间的安全性提供了可靠的保障。

5.6.4 压差式静力水准仪传感器

压差式静力水准仪传感器的主要功能是将沉降变化引起的液体压力转化为电信号，为接收端提供观测数据。经试验验证，液体压力与电流呈线性关系：

$$P = 1.25(I - 4) \tag{5-12}$$

式中，P 为传感器感受到的液体压力，kPa；I 为传感器输出的电流，mA。

液体压力与液面高度 h 呈线性关系：

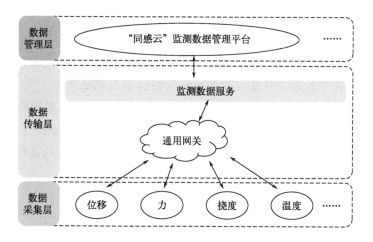

图 5-10 基于物联网的压差式沉降监测系统的采集系统架构

$$P = \rho h g \tag{5-13}$$

式中，ρ 为液体密度，g/mm³；g 为重力加速度，9.8m/s²。

由于重力加速度 g 和液体密度 ρ 均为恒定值，故沉降量变化值 Δh 与传感器受到的压力差值 ΔP 也呈线性关系：

$$\Delta h = \frac{\Delta P}{\rho g} \tag{5-14}$$

压力传感器一般采用硅晶体制作而成，其精度在压力传感器出厂时厂家已经给定。但是在传感器使用过程中，如果液体连通不通畅，会对硅晶体材料造成不利的影响。如果液体受到灰尘或者微生物的污染，将可能引起细菌感染，导致液体密度变大，甚至阻塞连通管道。可以认为，传感器误差主要来源于传感器材料引起的误差。因此，在传感器安装过程中应当确保传感器水平放置和进出口畅通，避免液体受到污染。

为了确保传感器的准确性、可靠性和稳定性，需要定期对传感器进行校准，以消除传感器在使用过程中引起的误差，为输入值和输出值之间的准确关系提供保障。设计的校准装置和校准方式应当遵循以下原则：

① 校准装置的校准精度应当高于观测精度；

② 计量特性应当优化，校准装置应当减少对实验室高度空间的过度依赖；

③ 确保校准人员的安全，能够便利地获得稳定的精确校准数据，满足被校准传感器的量程要求。

5.6.5 压差式水准仪的使用

在使用压差式水准仪进行沉降观测时，首先根据沉降观测点的布设情况，对安装位置进行找平处理，并通过激光水平仪确保所有观测点处于同一水平面上，防止测点高程超出水准仪的量程范围。同时，利用膨胀螺栓或黏结胶将直角托板固定在观测点位置，以避免传感器在监测过程中发生扰动，如图 5-11 所示。此外，储液罐的布置位置应确保其与水准仪的高差不超过水准仪的量程，并在连接水管后，将储液罐的液位保持在约 4/5 高度处。

图 5-11 压差式水准仪观测点

安装过程包括以下步骤：首先选定测点位置，并布放通信线缆、水管和气管至对应位置；接着布放水准仪，并将通信线缆、水管、气管与水准仪连通，同时用堵头封住第一个水准仪的气孔；然后安装储液罐并连通水管；之后连接通信线缆，检查其连接正确性，开启系统供电开关并读取数值（未灌水时压力值应接近零，异常设备会显示为空）；数值读取正常后，断电并开始向储液罐中灌水，灌水流速需大于水管流速，以防止空气进入水管形成气泡。如有气泡，需持续灌水直至气泡从最后一个水准仪排出。按照水流顺序，依次对水准仪进行排气操作，使用 4# 内六角扳手拧松排气孔螺栓，观察是否有气泡和水排出，直至排出的水中无气泡后拧紧螺栓。每个测点和基准点都需要进行排气操作，且排气时排气孔应朝上。排气完成后，检查整个水管管路是否还有气泡，如无气泡，则用堵头封住最后一个水准仪的水孔；如有气泡，继续灌水直至气泡排出，并用堵头封住最后一个水准仪的气孔和水孔，固定锁紧水准仪。最后，开启系统供电开关，读取数值并对系统进行初始化操作。

5.6.6 压差式沉降监测数据滤波与监测值预警

受到气压、振动、温度等环境的影响，压差式静力水准仪初步采集的数据表现出极大的噪声，无法满足实际工程的需要，必须对初步采集的数据进行滤波处理。常用的数据滤波方法有滑动平均法、中位值法、中位值平均法和 3σ 准则法等。变电站运营期基础沉降数据较大，且近似服从正态分布，宜采用 3σ 准则法，可以有效地剔除粗大误差。

在 3σ 准则法中，先按一定的概率确定一个区间，数据超过这个区间就认为是粗大误差，应予以剔除。在观测数据中，σ 表示标准差，μ 表示平均值，观测数据服从正态分布时，观测数据满足

$$P(-3\sigma < x < 3\sigma) = \int_{-3\sigma}^{3\sigma} \frac{1}{\sqrt{2\pi}\sigma} e^{-\frac{(x-\mu)^2}{2\sigma^2}} dx \qquad (5-15)$$
$$= 0.9973$$

由式（5-15）可知，观测数据分布在（$\mu - 3\sigma$，$\mu + 3\sigma$）区间的概率为 0.9973，超出这个区间的观测数据的概率为 0.3%，被视为粗大误差。

经过滤波的数据由后台服务器获得，并保存起来，经过处理分析得到监测值的分布情况，如图 5-12 所示。

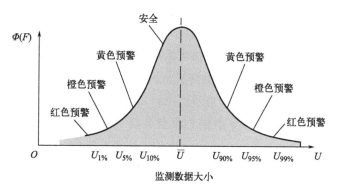

图 5-12 监测值预警状态

由图 5-12 可知，x 分布越偏离平均值 μ，出现的概率就越低，则地基基础沉降情况就越危险。根据数理统计原理，定义出现概率分别为 90%、95% 和 99% 为 3 个安全节点，由此设置不同的监测值预警状态。

① 数据位于 [$\mu+1.65\sigma$，$\mu+1.96\sigma$] 和 [$\mu-1.96\sigma$，$\mu-1.65\sigma$] 内的概率为 5%～10%，可以定义为黄色预警状态。

② 数据位于 [$\mu+1.96\sigma$，$\mu+2.58\sigma$] 和 [$\mu-2.58\sigma$，$\mu-1.96\sigma$] 内的概率为 1%～5%，可以定义为橙色预警状态。

③ 数据位于 [$-\infty$，$\mu-2.58\sigma$] 和 [$\mu+2.58\sigma$，$+\infty$] 内的概率为 0%～1%，可以定义为红色预警状态。

除此之外，还可以根据变电站主管部门要求和相关技术规范设置相应的预警指标，根据不同的预警状态查明原因，采取不同的措施。

5.7 观测工作量及成果处理

建筑变形测量的周期应考虑以下因素。

① 对于单一层次布网，观测点与控制点应按变形观测周期进行观测；对于两个层次布网观测点及联测的控制点应按变形观测周期进行观测，控制网部分可按复测周期进行观测。

② 变形观测周期应以能系统反映所测变形的变化过程且不遗漏其变化时刻为原则，综合考虑变形速率、外界环境影响、工程地质条件和观测精度要求等因素确定。当观测中发现变形异常（如变形量突变、速率超限或周边环境异常）时，应立即增加观测次数或调整监测方案。

③ 控制网复测周期应根据测量目的和点位的稳定情况确定，一般宜每半年复测一次。在建筑施工过程中，应适当缩短观测时间间隔，点位稳定后可适当延长观测时间间隔。当复测成果或检测成果出现异常，或测区受到如地震、洪水、台风、爆破等外界因素影响时，应及时进行复测。

④ 变形测量的首次（即零周期）观测应适当增加观测量，以提高初始值的可靠性。

⑤ 不同周期观测时宜采用相同的观测网形和观测方法，并使用相同类型的测量仪。

变形稳定判断的标准依据《建筑变形测量规范》（JGJ 8—2016）相关内容确定，即"当最后 100d 的变形速率小于 0.01～0.04mm/d 时，可认为已经进入稳定阶段"。变形稳定后，经批准后停止监测。

对于主体倾斜监测，可视倾斜速度每1～3个月观测一次。如遇基础附近因大量堆载或卸载、场地降雨长期积水等而导致倾斜速度加快时，应及时增加观测次数。倾斜观测应避开强日照和风荷载影响大的时间段。

沉降观测成果处理的核心任务包括：首先，对水准网实施严密的平差计算，以确定每个观测点每期的高程平差值；其次，计算相邻两次观测间的沉降量以及累积沉降量；最后，深入分析沉降量与荷载增加之间的关联性。在此过程中，为确保观测质量，需积极配合相关质量检查工作，详细记录检查内容、方法、遇到的问题、采取的解决措施及最终检查结果，并按规定格式整理成检查成果文件提交。

成果的提交遵循严格的交接单制度，确保每次现场沉降观测后，都能及时提交上一次观测的中间成果，具体包括沉降观测中间成果表和沉降观测点位布置图，以便于后续分析和决策。当建筑物沉降达到稳定状态后，观测工作停止，此时需提交一份全面的沉降观测技术总结报告，内容涵盖沉降观测记录、成果表、观测点与基准点的平面布置图、沉降量-时间-沉降速度（s-t-v）曲线图、沉降量-时间-荷载（s-t-p）曲线图、建筑物沉降观测曲线图以及沉降观测技术报告，为建筑物的安全评估提供科学依据。

此外，倾斜观测作为沉降观测的重要补充，其成果提交同样重要，需包括倾斜观测点位布置图、观测成果表、成果图、主体倾斜曲线图以及观测成果分析报告等资料，这些资料共同构成了建筑物稳定性评估的完整数据体系。

5.8 实例

5.8.1 某变电站边坡变形监测

某变电站位于山区，边坡高度约15m，坡度为35°～45°，主要由粉质黏土和强风化砂岩构成。上部土层结构松散，抗剪强度较低，下部岩层存在软弱夹层，如泥质夹层。变电站的主要建筑物紧邻边坡顶部，边坡失稳将直接威胁到变电站的安全运行。为确保变电站的安全，实施了一项边坡变形监测项目。

监测目标包括实时监测边坡的位移变化、地下水位变化、边坡内部应力变化，并及时预警，以保障变电站的安全运行。为实现这些目标，选择了多种高精度监测设备。位移监测采用全站仪、GNSS监测系统和引张线式位移计，分别用于测量边坡表面位移、实时动态监测和深层位移。应力监测则使用振弦式应力计，地下水位监测采用投入式水位计，同时设置雨量计和气象站进行环境监测。

在监测点布置方面，位移监测点在边坡顶部、中部和底部，以 10~15m 的间距布置了 10 个点，应力监测点在潜在滑动面和软弱夹层附近布置了 6 个点，地下水位监测点在边坡不同高程处布置了 3 个点，雨量计和气象站则各在边坡顶部附近布置了 1 个。在剖面布置上，引张线式位移计和应力计分别布置在边坡中部和底部，以及潜在滑动面附近，用于监测深层位移和应力变化。

数据传输采用有线和无线相结合的方式，将数据传输至数据处理中心进行预处理、时间序列分析和回归分析，以建立边坡稳定性评估模型。数据采集方面，全站仪每周测量一次，GNSS 实时动态监测，应力监测和地下水位监测每 3d 采集一次数据，雨量计和气象站则实时监测，数据每小时传输一次。

数据分析显示，位移监测点 P_1 的水平位移逐渐增加，增长速率为 1.5mm/d，P_2 垂直位移略有下降，累计下降量 3mm，深层位移在雨季明显增加。应力数据显示，降雨后浅层应力增加至 0.25MPa，深层应力相对稳定。地下水位在雨季迅速上升，最高达到 5.5m，旱季下降至 4.0m，水位上升导致土体抗剪强度降低，增加了边坡失稳风险。

通过极限平衡法和赤平投影分析法评估边坡稳定性，结果显示边坡整体处于稳定状态，但局部区域存在变形风险，地下水位变化对边坡稳定性影响显著。

基于以上分析，建议持续监测边坡位移、应力和地下水位变化，在雨季前加强排水系统以降低地下水位，并设置边坡位移和地下水位预警阈值，及时采取措施。监测点平面布置图和剖面布置图分别展示了位移监测点、应力监测点、地下水位监测点、雨量计和气象站的布局，以及潜在滑动面、岩土分层等信息。通过这些布置，可以全面、准确地获取边坡的变形和应力情况，为边坡稳定性评估提供可靠依据。

5.8.2 某变电站 GIS 基础沉降监测

某工程位于河南省某地级市变电站内，GIS 基础采用筏板基础形式，长度 25.4m，宽度 3m。变电站已经投入使用 3 年，沉降稳定满足测量技术规范要求。受到强降雨的影响，需要对 GIS 基础沉降进行复测。复测采用自动监测系统和几何水准测量的人工监测方法。沿着 GIS 基础长边布设 4 个测点，每 6h 采集一次数据，连续观测 7 天。

为了准确测量变电站地基基础沉降，首先确保压差式静力水准仪的部件完好无损，流通管道通畅，设备运行正常。准备必要工具和耗材，包括扳手、生料带、注水工具、硅油、气管接头、纯净水、PVC 钢丝软管、读数仪和水平尺等。

其次，根据基准网确定观测点的标高数据，以确定安装孔的位置，确保与基准点处于同一水平面上。如无法保证同一水平面，基准点可以略低于观测点，保证传感器在量程内。地基较平整，可直接铺设连通管。根据距离裁剪合适长度的液、气管，套上钢丝软管，裹好生料带。通过注水工具向系统注水，注意检查排气螺栓以确保系统内无气泡，避免水管弯折。使用读数仪确认液位沉降计的位置是否合适，调整液位至要求高度。

最后，连接液位沉降计气口，并密封管道连接头，保证完全密封。连接数据线并保护好，埋设并记录位置、编号、天气、埋设人员姓名。制作标示牌标示安装位置。在仪器周围进行土方或碎石处理，避免使用大型机械。进行校零和初值设定，并建立安装台账。根据要求进行测试，若使用自动采集系统，接入电源和数据总线，设定自动采集。

沉降观测系统使用时注意事项如下。

① 静力水准仪的测量精度受温度、湿度等环境因素影响较大。因此，在使用时应尽量选择温度稳定、湿度适中的环境，并在测量过程中保持环境稳定。

② 操作人员应熟悉静力水准仪的使用方法和操作规程，避免因操作不当导致的测量误差。同时，定期对仪器进行维护和保养，确保其处于良好的工作状态。

③ 测量数据的处理和分析是静力水准仪使用的关键环节。应对测量数据进行合理的筛选和修正，以提高数据的准确性和可靠性。

实际观测日期为 2021 年 7 月 22～28 日，对 1♯～4♯ 点连续观测 7 天，每个传感器采集了 28 组数据。将 GIS 地基基础沉降自动监测数据与人工测量数据差值进行比对，如表 5-3 所示。

表 5-3　沉降自动监测与人工测量数据差值　　　　　单位：mm

日期	1♯	2♯	3♯	4♯	平均值
7月22日	0.31	−0.28	−0.31	0.53	0.06
7月23日	−0.82	−0.74	−0.81	0.81	−0.39
7月24日	0.53	0.48	−0.61	0.73	0.28

续表

日期	1#	2#	3#	4#	平均值
7月25日	0.82	0.74	−0.81	0.89	0.41
7月26日	−0.33	0.30	0.33	−0.78	−0.12
7月27日	−0.42	−0.38	−0.42	1.02	−0.05
7月28日	0.63	0.57	0.62	−0.93	0.22

由表 5-3 可知，自动监测与人工测量数据偏差较小，沉降自动化采集系统采集的数据能满足变电站运营期地基基础沉降长期监测的要求。

参考文献

[1] 张天业,汪涛,何燕鹏,等.预应力装配式基础承载性能试验研究[J].建筑结构,2024,54(6):22,125-132.

[2] 周江,苗洪岩,徐万友,等.强电磁条件下山区软基变电站变形监测技术应用研究[J].岩土力学,2022,43(S1):665-674.

[3] 周江,赵应来,朱蒨,等.变电站软基变形安全评估方法及工程应用[J].人民长江,2021,52(S1):341-346.

[4] Lobo Ribeiro A B, Santos J L. Optical fiber sensor technology in Portugal[J]. Fiber & Integrated Optics, 2020, 24(34): 171-199.

[5] 吴迪军.桥梁工程测量技术现状及发展方向[J].测绘通报,2016,8(1):1-5.

[6] 詹银虎,张超,李飞战,等.基于图像全站仪的天文大地垂线偏差测量及其精度分析[J].测绘学报,2023,52(2):175-182.

[7] 李林,沈珂任,王林,等.三轴试样全息变形实时测量系统的搭建、验证与应用[J].土木工程学报,2023,56(8):108-117.

[8] 陈月娟,栗向蕾,黄平平,等.面向矿区地表形变的GPS-InSAR融合方法研究[J].金属矿山,2023,9(12):182-188.

[9] 张伟云,杨建贵,马昌龙.沉降自动化采集系统在软基处理中的应用[J].水利与建筑工程学报,2019,17(3):48-54.

[10] 邓钥丹,高正浩,欧家祥,等.北斗三号高精度定位技术在输电线路塔架安全监测中的应用[J].电力大数据,2024,27(11):12-20.

[11] 徐渊,胡伟东,陈毅.基于物联网技术的路基沉降监测系统应用研究[J].工程勘察,2022,50(4):57-61.

[12] 张伟云,杨建贵,马昌龙.沉降自动化采集系统在软基处理中的应用[J].水利与建筑工程学报,2019,17(3):48-54.

[13] 张拥军,杨璐,王梦麒,等.一种基于压力源的压差式静力水准仪校准装置[J].计量技术,2020,5(6):7,12-15.

[14] 张子真,周宏磊,张建坤,等.压差式静力水准成果数据滤波和预测算法研究[J].城市勘测,2023(6):141-144,150.

[15] 王来志,张萍,杨靖,等.基于双基准的沉降监测系统设计[J].压电与声光,2021,43(4):579-582.

[16] 沈宇鹏,田亚护,冯瑞玲.路基稳定性监测技术[M].北京:机械工业出版社,2016.

[17] 谈丹辉. 桥梁工程结构智慧监测——理论与实践［M］. 北京：机械工业出版社，2021.
[18] DL/T 5578—2020. 电力工程施工测量标准［S］. 北京：中国电力出版社，2020.
[19] JGJ 8—2016. 建筑变形测量规范［S］. 北京：中国建筑工业出版社，2016.
[20] GB 55018—2021. 工程测量通用规范［S］. 北京：中国标准出版社，2021.
[21] GB/T 12897—2006. 国家一、二等水准测量规范［S］. 北京：中国标准出版社，2006.